WTB

Wissenschaftliche Taschenbücher

Mathematik · Physik

Grundzüge der Relativitätstheorie

Akademie-Verlag · Berlin
Pergamon Press · Oxford
Vieweg + Sohn · Braunschweig

Wissenschaftliche Taschenbücher

ROLF BORSDORF / MANFRED SCHOLZ
Spektroskopische Methoden in der organischen Chemie

WERNER HABERDITZL
Magnetochemie

GERHARD HEBER
Mathematische Hilfsmittel der Physik, Teil I und II

A. A. SOKOLOW
Elementarteilchen

HERBERT GOERING
Elementare Methoden zur Lösung von Differentialgleichungsproblemen

HEINZ AHRENS
Varianzanalyse

HANS-JÜRGEN TREDER
Relativität und Kosmos
Raum und Zeit in Physik, Astronomie und Kosmologie

GÜNTHER LUDWIG
Wellenmechanik. Einführung und Originaltexte

HARRY PAUL
Lasertheorie, Teil I und II

FRANZ RUDOLF KESSLER
Einführung in die physikalischen Grundlagen der Kernenergiegewinnung

ALBERT EINSTEIN
Über die spezielle und die allgemeine Relativitätstheorie

ALBERT EINSTEIN
Grundzüge der Relativitätstheorie

STEPHEN G. BRUSH
Kinetische Theorie, Teil I und II.
Einführung und Originaltexte

D. TER HAAR
Quantentheorie. Einführung und Originaltexte

J. H. SANDERS
Die Lichtgeschwindigkeit. Einführung und Originaltexte

EBERHARD TEUSCHER
Pharmakognosie, Teil I und II

EBERHARD HOFMANN
Eiweiße und Nucleinsäuren als biologische Makromoleküle
Dynamische Biochemie, Teil I

WTB

BAND 58

A. Einstein

Grundzüge der Relativitätstheorie

5. Auflage
zugleich 7., erweiterte Auflage der „Vier Vorlesungen über Relativitätstheorie" der Ausgabe des Verlages
Friedr. Vieweg + Sohn, Braunschweig

Mit 6 Abbildungen

AKADEMIE-VERLAG · BERLIN

PERGAMON PRESS · OXFORD

VIEWEG + SOHN · BRAUNSCHWEIG

Reihe MATHEMATIK UND PHYSIK

Redaktionelle Zusammenstellung der Anhänge I und II:

Prof. V. Bargmann

1970

2. Auflage

Lizenznummer: 202 · 100/624/70 (Nachdruck)

Satz: VEB Druckerei „Thomas Müntzer", 582 Bad Langensalza

Bestellnummer: Akademie-Verlag 7058 · ES 18 B 1
Pergamon Press 08 013464 5
Vieweg + Sohn 6058

Printed in German Democratic Republic

Vorwort zur 1. Auflage der „Vier Vorlesungen über Relativitätstheorie“

In der vorliegenden Ausarbeitung von vier Vorträgen, die ich an der Universität Princeton im Mai 1921 gehalten habe, wollte ich die Hauptgedanken und mathematische Methoden der Relativitätstheorie zusammenfassen. Dabei habe ich mich bemüht, alles weniger Wesentliche wegzulassen, das Grundsätzliche aber doch so zu behandeln, daß das Ganze als Einführung für alle diejenigen dienen kann, welche die Elemente der höheren Mathematik beherrschen, aber nicht allzuviel Zeit und Mühe auf den Gegenstand verwenden wollen. Auf Vollständigkeit kann diese kurze Darlegung selbstverständlich keinen Anspruch machen, zumal ich die feineren, mehr mathematisch interessanten Entwicklungen, welche sich auf Variationsrechnung gründen, nicht behandelt habe. Mein Hauptziel war es, das Grundsätzliche in dem ganzen Gedankengang der Theorie klar hervortreten zu lassen.

Januar 1922 — A. Einstein

Vorbemerkung zum Anhang II

Für diese Auflage habe ich die „Verallgemeinerung der Gravitationstheorie“ unter dem Titel „Relativistische Theorie des nichtsymmetrischen Feldes“ völlig neu bearbeitet. Es ist mir nämlich gelungen — zum Teil unter Mitarbeit meiner Assistentin B. Kaufman — die Ableitungen sowie die Form der Feldgleichungen zu vereinfachen. Die ganze Theorie gewinnt dadurch an Durchsichtigkeit, ohne daß ihr Inhalt eine Änderung erfährt.

Dezember 1954 — A. Einstein

Inhaltsübersicht

Raum und Zeit in der vorrelativistischen Physik

Die Relativitätstheorie ist aufs engste verbunden mit der Theorie von Raum und Zeit. Deshalb soll mit einer kurzen Untersuchung des Ursprungs unserer Ideen von Raum und Zeit begonnen werden, obwohl ich weiß, daß ich mich dabei auf strittiges Gebiet begebe. Alle Wissenschaft, sei es Naturwissenschaft oder Psychologie, sucht in gewisser Weise unsere Erlebnisse zu ordnen und in ein logisches System zu bringen. Wie hängen die geläufigen Ideen über Raum und Zeit mit dem Charakter unserer Erlebnisse zusammen?

Die Erlebnisse eines Menschen erscheinen uns als in eine Erlebnisreihe eingeordnet, in welcher die einzelnen unserer Erinnerung zugänglichen Einzelerlebnisse nach dem nicht weiter zu analysierenden Kriterium des „Früher“ und „Später“ geordnet erscheinen. Es besteht also für das Individuum eine Ich-Zeit oder subjektive Zeit. Diese ist an sich nichts Meßbares. Ich kann zwar den Erlebnissen Zahlen zuordnen, derart, daß dem späteren Erlebnis eine größere Zahl zugeordnet wird als dem früheren, aber die Art dieser Zuordnung bleibt zunächst in hohem Maße willkürlich. Ich kann jedoch die Art dieser Zuordnung weiter fixieren durch eine Uhr, indem ich den durch sie vermittelten Erlebnisablauf mit dem Ablauf der übrigen Erlebnisse vergleiche. Unter einer Uhr versteht man ein Ding, welches abzählbare Erlebnisse liefert und noch andere Eigenschaften besitzt, von denen im folgenden die Rede sein wird.

Verschiedene Menschen können mit Hilfe der Sprache ihre Erlebnisse bis zu einem gewissen Grade miteinander vergleichen. Dabei zeigt sich, daß gewisse sinnliche

Erlebnisse verschiedener Menschen einander entsprechen, während bei anderen ein solches Entsprechen nicht festgestellt werden kann. Jenen sinnlichen Erlebnissen verschiedener Individuen, welche einander entsprechen und demnach in gewissem Sinne überpersönlich sind, wird eine Realität gedanklich zugeordnet. Von ihr, daher mittelbar von der Gesamtheit jener Erlebnisse, handeln die Naturwissenschaften, speziell auch deren elementarste, die Physik. Relativ konstanten Erlebniskomplexen solcher Art entspricht der Begriff des physikalischen Körpers, speziell auch des festen Körpers. Die Uhr ist auch ein Körper bzw. ein körperliches System in diesem Sinne. Zum Wesen der Uhr gehört außerdem, daß die an ihr gezählten gleichartigen Teilvorgänge der Erlebnisfolge als einander gleich angesehen werden dürfen.

Begriffe und Begriffssysteme erhalten die Berechtigung nur dadurch, daß sie zum Überschauen von Erlebniskomplexen dienen; eine andere Legitimation gibt es für sie nicht. Es ist deshalb nach meiner Überzeugung einer der verderblichsten Taten der Philosophen, daß sie gewisse begriffliche Grundlagen der Naturwissenschaft aus dem der Kontrolle zugänglichen Gebiete des Empirisch-Zweckmäßigen in die unangreifbare Höhe des Denknotwendigen (Apriorischen) versetzt haben. Denn wenn es auch ausgemacht ist, daß die Begriffe nicht aus den Erlebnissen durch Logik (oder sonstwie) abgeleitet werden können, sondern in gewissem Sinn freie Schöpfungen des menschlichen Geistes sind, so sind sie doch ebensowenig unabhängig von der Art der Erlebnisse, wie etwa die Kleider von der Gestalt der menschlichen Leiber. Dies gilt im besonderen auch von unseren Begriffen über Zeit und Raum, welche die Physiker — von Tatsachen gezwungen — aus dem Olymp des Apriori herunterholen mußten, um sie reparieren und wieder in einen brauchbaren Zustand setzen zu können.

Wir kommen nun zu den räumlichen Begriffen und Urteilen. Auch hier ist es unerläßlich, die Beziehung der Erlebnisse zu den Begriffen streng ins Auge zu fassen. Auf diesem Gebiete scheint mir POINCARÉ die Wahrheit besonders klar erfaßt zu haben in der Darstellung, welche er in seinem Buche: „La science et l'hypothèse" gegeben hat. Unter allen Veränderungen, welche wir an festen Körpern wahrnehmen, sind diejenigen durch Einfachheit ausgezeichnet, welche durch willkürliche Bewegungen unseres Körpers rückgängig gemacht werden können; POINCARÉ nennt sie „Änderungen der Lage". Durch bloße Lagenänderungen kann man zwei Körper „aneinander anlegen". Das Fundament der Geometrie (Kongruenzsätze) bezieht sich auf die Gesetze, welche jene Lagerungsmöglichkeiten beherrschen. Für den Raumbegriff scheint uns folgendes wesentlich. Man kann durch Anlegen von Körpern $B, C \ldots$ an einen Körper A neu Körper bilden, wir wollen sagen, den Körper A fortsetzen. Man kann einen Körper A so fortsetzen, daß er mit jedem anderen Körper X zur Berührung kommt. Wir können den Inbegriff aller Fortsetzungen des Körpers A als den „Raum des Körpers A" bezeichnen. Dann gilt, daß alle Körper sich „im Raum des (beliebig gewählten) Körpers A" befinden. Man kann in diesem Sinne nicht von dem „Raum" schlechthin, sondern nur von dem „zu einem Körper A gehörigen Raum" reden. Allerdings spielt im Alltagsleben der Körper Erdkruste eine so dominierende Rolle in der Beurteilung der Lagenverhältnisse der Körper, daß er zu dem ernstlich nicht zu verteidigenden Begriff *des* Raumes (schlechthin) geführt hat. Wir wollen aber, um diesen verhängnisvollen Irrtum auszuschließen, nur von „Bezugskörper" oder „Bezugsraum" reden. Erst die allgemeine Relativitätstheorie hat eine Verfeinerung dieses Begriffes nötig gemacht, wie wir später sehen werden.

Ich will nicht näher auf diejenigen Eigenschaften des Bezugsraumes eingehen, welche dazu geführt haben, als Element des Raumes den Punkt einzuführen und den Raum als Kontinuum aufzufassen. Ebensowenig will ich zu analysieren versuchen, durch welche Eigenschaften des Bezugsraumes der Begriff der stetigen Punktreihe oder Linie gerechtfertigt sei. Sind aber diese Begriffe nebst ihrer Beziehung zum festen Körper der Erlebniswelt gegeben, so ist leicht zu sagen, was unter der Dreidimensionalität des Raumes zu verstehen ist, nämlich die Aussage: Jedem Punkt lassen sich drei Zahlen x_1, x_2 und x_3 (Koordinaten) zuordnen, derart, daß diese Zuordnung umkehrbar eindeutig ist, und daß sich x_1, x_2 und x_3 stetig ändern, wenn der zugehörige Punkt eine stetig Punktreihe (Linie) beschreibt.

Die vorrelativistische Physik setzt voraus, daß die Lagerungsgesetze idealer fester Körper der euklidischen Geometrie gemäß seien. Was dies bedeutet, kann z. B. wie folgt ausgedrückt werden. Zwei an einem festen Körper markierte Punkte bilden eine Strecke. Eine solche kann in mannigfacher Weise gegenüber dem Bezugsraume ruhend gelagert werden. Wenn nun die Punkte dieses Raumes so durch Koordinaten x_1, x_2, x_3 bezeichnet werden können, daß die Koordinatendifferenzen Δx_1, Δx_2, Δx_3 der Streckenpunkte bei jeder Lagerung der Strecke die nämliche Quadratsumme

$$s^2 = \Delta x_1^2 + \Delta x_2^2 + \Delta x_3^2 \tag{1}$$

liefern, so nennt man den Bezugsraum EUKLIDisch und die Koordinaten kartesische[1]). Es genügt hierfür sogar, diese Annahme in der Grenze für unendlich kleine Strecken zu machen. In dieser Annahme liegen einige weniger spezielle enthalten, auf die wir ihrer grundlegenden Bedeutung wegen aufmerksam machen wollen. Erstens nämlich wird vorausgesetzt, daß man einen idealen festen Körper beliebig bewegen könne. Zweitens wird vorausgesetzt, daß das Lagerungsverhalten idealer fester Körper in dem Sinne unabhängig vom Material des Körpers und von seinen Ortsänderungen ist, daß zwei

[1]) Diese Relation muß gelten für beliebige Wahl des Anfangspunktes und der Richtung (Verhältnis $\Delta x_1 : \Delta x_2 : \Delta x_3$) der Strecke.

Strecken, welche *einmal* zur Deckung gebracht werden können, *stets und überall* zur Deckung gebracht werden können. Diese beiden Voraussetzungen, welche für die Geometrie und überhaupt für die messende Physik von grundlegender Bedeutung sind, entstammen natürlich der Erfahrung; sie beanspruchen in der allgemeinen Relativitätstheorie allerdings nur für (gegenüber astronomischen Dimensionen) unendlich kleine Körper und Bezugsräume Gültigkeit.

Die Größe s nennen wir die Länge der Strecke. Damit diese eindeutig bestimmt sei, muß die Länge einer bestimmten Strecke willkürlich festgesetzt, z. B. gleich 1 gesetzt werden (Einheitsmaßstab). Dann sind die Längen aller übrigen Strecken bestimmt. Setzt man die x_ν linear abhängig von einem Parameter λ

$$x_\nu = a_\nu + \lambda\, b_\nu\,,$$

so erhält man eine Linie, welche alle Eigenschaften der Geraden der euklidischen Geometrie besitzt. Speziell folgert man leicht, daß man durch n-maliges Abtragen einer Strecke s auf einer Geraden eine Strecke von der Länge $n \cdot s$ erhält. Eine Länge bedeutet also das Ergebnis einer längs einer Geraden ausgeführten Messung mit Hilfe des Einheitsmaßstabes; sie hat ebenso wie die gerade Linie eine vom Koordinatensystem unabhängige Bedeutung, wie aus dem Folgenden hervorgeht.

Wir kommen nun zu einem Gedankengang, der in analoger Weise in der speziellen und allgemeinen Relativitätstheorie eine Rolle spielt. Wir fragen: Gibt es außer den verwendeten kartesischen Koordinaten noch andere gleichberechtigte? Die Strecke hat eine von der Koordinatenwahl unabhängige physikalische Bedeutung, ebenso also auch die Kugelfläche, welche man erhält als Ort der Endpunkte aller gleichen Strecken, welche man von einem beliebigen Anfangspunkt des Bezugsraumes aus abträgt. Sind sowohl x_ν als auch x'_ν (ν von 1 bis 3) kartesische Koordinaten unseres Bezugsraumes, so wird die Kugelfläche in bezug auf jene beiden Koordinatensysteme durch die Gleichungen ausgedrückt:

$$\sum \Delta x_\nu^2 = \text{konst.} \tag{2}$$

$$\sum \Delta x_\nu'^2 = \text{konst.} \tag{2a}$$

Wie müssen sich die x_ν' aus den x_ν ausdrücken, damit die Gleichungen (2) und (2a) äquivalent seien? Denkt man sich die x_ν' in Funktion der x_ν ausgedrückt, so kann man für genügend kleine Δx_ν nach dem TAYLORschen Satze setzen:

$$\Delta x_\nu' = \sum_\alpha \frac{\partial x_\nu'}{\partial x_\alpha} \Delta x_\alpha + \frac{1}{2} \sum_{\alpha\beta} \frac{\partial^2 x_\nu'}{\partial x_\alpha \, \partial x_\beta} \Delta x_\alpha \, \Delta x_\beta \ldots$$

Setzt man dies in (2a) ein und vergleicht mit (1), so sieht man, daß die x_ν' *lineare* Gleichungen der x_ν sein müssen. Setzt man demgemäß

$$x_\nu' = a_\nu + \sum_\alpha b_{\nu\alpha} \, x_\alpha \tag{3}$$

oder

$$\Delta x_\nu' = \sum_\alpha b_{\nu\alpha} \, \Delta x_\alpha \tag{3a}$$

so drückt sich die Äquivalenz der Gleichungen (2) und (2a) in der Form aus

$$\sum \Delta x_\nu'^2 = \lambda^2 \sum \Delta x_\nu^2 \quad (\lambda \text{ von den } \Delta x_\nu \text{ unabhängig}). \tag{2b}$$

Hieraus folgt zunächst, daß λ eine Konstante sein muß. Setzt man zunächst $\lambda = 1$, so liefern (2b) und (3a) die Bedingungen

$$\sum_\alpha b_{\nu\alpha} \, b_{\nu\beta} = \delta_{\alpha\beta} \, , \tag{4}$$

wobei $\delta_{\alpha\beta} = 1$ oder $\delta_{\alpha\beta} = 0$ ist, je nachdem $\alpha = \beta$ oder $\alpha \neq \beta$. Die Bedingungen (4) heißen Orthogonalitätsbedingungen, die Transformationen (3), (4) lineare orthogonale Transformationen. Verlangt man, daß $s^2 = \sum \Delta x_\nu^2$ für jedes Koordinatensystem gleich dem Quadrat der Länge sei und daß stets mit dem gleichen Einheitsmaßstabe gemessen werde, so muß $\lambda = 1$ sein. Dann sind die linearen orthogonalen Transformationen die einzigen, welche den Übergang von einem kartesischen

Koordinatensystem eines Bezugsraumes zu einem anderen vermitteln. Man erkennt, daß bei Anwendung solcher Transformationen die Gleichungen einer Geraden wieder in die Gleichungen einer Geraden übergehen. Wir bilden noch die Umkehrung der Gleichungen (3a), indem wir beiderseits mit $b_{\nu\beta}$ multiplizieren und über ν summieren. Man erhält

$$\sum b_{\nu\beta} \Delta x'_\nu = \sum_{\nu\alpha} b_{\nu\alpha} b_{\nu\beta} \Delta x_\alpha = \sum_{\alpha} \delta_{\alpha\beta} \Delta x_\alpha = \Delta x_\beta . \qquad (5)$$

Dieselben Koeffizienten b vermitteln also auch die inverse Substitution der Δx_ν. Geometrisch ist $b_{\nu\alpha}$ der Kosinus des Winkels zwischen der x'_ν-Achse und der x_α-Achse.

Zusammenfassend können wir sagen: In der euklidischen Geometrie gibt es (in einem gegebenen Bezugsraume) bevorzugte Koordinatensysteme, die kartesischen, welche auseinander durch lineare orthogonale Transformation der Koordinaten hervorgehen. In solchen Koordinaten drückt sich der mit dem Maßstab meßbare Abstand s zweier Punkte des Bezugsraumes in besonders einfacher Weise aus. Auf diesen Begriff des Abstandes läßt sich die ganze Geometrie gründen. In der gegebenen Darstellung bezieht sich die Geometrie auf wirkliche Dinge (feste Körper), und ihre Sätze sind Behauptungen über das Verhalten dieser Dinge, welche zutreffend oder auch unzutreffend sein können.

Gewöhnlich pflegt man die Geometrie so zu lehren, daß eine Beziehung der Begriffe zu den Erlebnissen nicht hergestellt wird. Es hat auch Vorteile, dasjenige, was an ihr rein logisch und von der prinzipiell unvollkommenen Empirie unabhängig ist, zu isolieren. Der reine Mathematiker kann sich damit begnügen. Er ist zufrieden, wenn seine Sätze richtig, d. h. ohne logische Fehler aus den Axiomen abgeleitet sind. Die Frage, ob die euklidische Geometrie *wahr* ist oder nicht, hat für ihn keinen Sinn. Für unseren Zweck aber ist es nötig, den Grundbegriffen der Geometrie Naturobjekte zuzuordnen; ohne eine solche Zuordnung ist die Geometrie für den Physiker gegenstandslos. Für den Physiker hat es daher wohl einen Sinn, nach der Wahrheit bzw. dem Zutreffen der geometrischen Sätze zu sprechen. Daß die so interpretierte euklidische Geometrie nicht nur Selbstverständliches, d. h. durch Definitionen logisch Bedingtes ausspricht, erkennt man durch folgende einfache Überlegung, welche von HELMHOLTZ herrührt:

Zwischen n Punkten des Raumes gibt es $\frac{1}{2} n (n - 1)$ Abstände $s_{\mu\nu}$; zwischen diesen und den $3n$ Koordinaten bestehen die Relationen

$$s_{\mu\nu}^2 = (x_{1(\mu)} - x_{1(\nu)})^2 + (x_{2(\mu)} - x_{2(\nu)})^2 + \cdots$$

Aus diesen $\frac{n(n-1)}{2}$ Gleichungen lassen sich die $3n$ Koordinaten eliminieren, aus welcher Elimination mindestens $\frac{n(n-1)}{2} - 3n$ Gleichungen zwischen den $s_{\mu\nu}$ folgen müssen[1]). Da die $s_{\mu\nu}$ meßbare Größen sind, die ihrer Definition nach voneinander unabhängig sind, brauchen diese Beziehungen zwischen den $s_{\mu\nu}$ a priori nicht zu bestehen.

Aus dem Vorhergehenden zeigt sich, daß die Transformationsgleichungen (3), (4) für die euklidische Geometrie eine fundamentale Bedeutung besitzen, indem sie den Übergang von einem kartesischen Koordinatensystem zu einem anderen beherrschen. Das kartesische Koordinatensystem zeichnet sich dadurch aus, daß sich in bezug auf jedes solche der meßbare Abstand s zweier Punkte durch die Gleichung

$$s^2 = \sum \Delta x_\nu^2$$

ausdrückt. Sind $K_{(x_\nu)}$ und $K'_{(x'_\nu)}$ zwei kartesische Koor-

---

1) In Wahrheit sind es $\frac{n(n-1)}{2} - 3n + 6$ Gleichungen.

dinatensysteme, so gilt

$$\sum \Delta x_\nu^2 = \sum \Delta x_\nu'^2 .$$

Die rechte Seite ist der linken identisch *gleich* vermöge der zwischen x' und x bestehenden linearen orthogonalen Transformationsgleichungen, und die rechte Seite unterscheidet sich von der linken nur dadurch, daß die x_ν durch die x_ν' ersetzt sind. Man drückt diesen Sachverhalt durch die Aussage aus: $\sum \Delta x_\nu^2$ ist eine Invariante bezüglich linearer orthogonaler Transformationen. Offenbar haben in der euklidischen Geometrie nur solche (und alle solche) Größen eine objektive (von der besonderen Wahl des kartesischen Systems unabhängige) Bedeutung, welche sich durch eine Invariante (bezüglich linearer orthogonaler Koordinaten) ausdrücken lassen. Hierauf beruht es, daß die Invariantentheorie, welche sich mit den Strukturgesetzen der Invariante beschäftigt, für die analytische Geometrie von Bedeutung ist.

Als zweites Beispiel einer geometrischen Invariante nenne ich die Größe eines Volumens. Dasselbe drückt sich in der Form aus:

$$V = \iiint dx_1\, dx_2\, dx_3 .$$

In der Tat ist nach dem JACOBIschen Transformationssatze

$$\iiint dx_1'\, dx_2'\, dx_3' = \iiint \frac{\partial(x_1', x_2', x_3')}{\partial(x_1, x_2, x_3)}\, dx_1\, dx_2\, dx_3 ,$$

wobei der Integrand im letzten Integral die Funktionaldeterminante der x_ν' nach den x_ν bedeutet, welche nach (3) gleich der Determinante $|b_{\mu\nu}|$ der Substitutionskoeffizienten $b_{\nu\alpha}$ ist. Bildet man die Determinante der $\delta_{\mu\alpha}$ der Gleichung (4), so erhält man unter Anwendung des Multiplikationstheorems der Determinanten

$$1 = |\delta_{\alpha\beta}| = |\sum_\nu b_{\nu\alpha}\, b_{\nu\beta}| = |b_{\mu\nu}|^2 ; \quad |b_{\mu\nu}| = \pm 1 . \quad (6)$$

Beschränkt man sich auf diejenigen Transformationen, welche die Determinante + 1 haben[1]) (und nur solche gehen aus *stetiger* Änderung des Koordinatensystems hervor), so ist also V eine Invariante.

Die Invariante ist aber nicht die einzige Form, welche gestattet, von der speziellen Wahl der kartesischen Koordinaten unabhängige Aussagen zum Ausdruck zu bringen. Andere Ausdrucksmittel sind die Vektoren und Tensoren. Es handle sich z. B. um die Aussage, daß Punkte mit den (laufenden) Koordinaten x_ν auf einer Geraden liegen. Dann gilt

$$x_\nu - A_\nu = \lambda\, B_\nu \, (\nu \text{ von 1 bis 3})\,.$$

Ohne Beschränkung der Allgemeinheit kann hierbei

$$\sum B_\nu^2 = 1$$

gesetzt werden.

Multipliziert man die Gleichungen mit $b_{\beta\nu}$ [vgl. Gleichungen (3a) und (5)] und summiert über ν, so erhält man

$$x'_\beta - A'_\beta = \lambda\, B'_\beta\,,$$

wobei

$$B'_\beta = \sum_\nu b_{\beta\nu} B_\nu\,; \qquad A'_\beta = \sum_\nu b_{\beta\nu} A_\nu$$

gesetzt ist. Dies sind die Gleichungen der Geraden bezüglich eines zweiten kartesischen Koordinatensystems K'. Sie haben dieselbe Form wie die Gleichungen bezüglich des ursprünglichen Koordinatensystems; es zeigt sich also, daß die Gerade eine vom Koordinatensystem unabhängige Bedeutung hat. Formal betrachtet beruht dies darauf, daß sich die Größen $(x_\nu - A_\nu) - \lambda\, B_\nu$ transformieren wie Streckenkomponenten Δx_ν. Den In-

[1]) Es gibt also zweierlei kartesische Koordinatensysteme, welche man als „Rechtssysteme“ und „Linkssysteme“ bezeichnet. Der Unterschied zwischen beiden ist jedem Physiker und Ingenieur geläufig. Interessant ist, daß man Rechtssysteme bzw. Linkssysteme an sich nicht geometrisch definieren kann, wohl aber die Gegensätzlichkeit beider Typen.

begriff dreier Größen, die für jedes kartesische Koordinatensystem definiert sind und sich transformieren wie Streckenkomponenten, nennt man einen Vektor. Verschwinden die drei Komponenten eines Vektors in bezug auf *ein* kartesisches Koordinatensystem, so verschwinden sie auch für jedes andere, weil die Transformationsgleichungen homogen sind. So kann man die Bedeutung des Vektorbegriffes erfassen, ohne auf die geometrische Veranschaulichung rekurrieren zu müssen. Das geschilderte Verhalten der obigen Gleichung der Geraden drückt man so aus: Die Gleichung der Geraden ist bezüglich linearer orthogonaler Transformationen kovariant.

Nun soll kurz gezeigt werden, daß es geometrische Realitäten gibt, die auf den Begriff des Tensors führen. Es sei P_0 Mittelpunkt einer Fläche zweiten Grades, P ein beliebiger Punkt der Oberfläche, ξ_ν seien die Projektionen der Strecke $P_0 - P$ auf die Koordinatenachsen. Dann ist

$$\sum_{\mu\nu} a_{\mu\nu}\,\xi_\mu\,\xi_\nu = 1\,,$$

oder — wie wir *von nun an in allen* analogen Fällen unter Weglassung des Summenzeichens schreiben wollen, indem wir festsetzen, daß die Summation über zweimal auftretende Indizes selbstverständlich sei —

$$a_{\mu\nu}\,\xi_\mu\,\xi_\nu = 1$$

die Gleichung der Fläche. Die Größen $a_{\mu\nu}$ bestimmen die Fläche bis auf die Lage des Mittelpunktes in bezug auf das gewählte kartesische Koordinatensystem vollständig. Aus dem bekannten Transformationsgesetz der ξ_ν [Gleichung (3a)] für lineare orthogonale Transformationen findet man leicht für die $a_{\mu\nu}$ das Transformationsgesetz[1])

$$a'_{\sigma\tau} = b_{\sigma\mu}\,b_{\tau\nu}\,a_{\mu\nu}\,.$$

---

[1]) Die Gleichung $a'_{\sigma\tau}\,\xi'_\sigma\,\xi'_\tau = 1$ läßt sich vermöge (5) durch $a'_{\sigma\tau}\,b_{\mu\sigma}\,b_{\nu\tau}\,\xi_\sigma\,\xi_\tau = 1$ ersetzen, woraus die Behauptung unmittelbar folgt.

Dies Transformationsgesetz ist homogen und vom ersten Grade in den $a_{\mu\nu}$. Die $a_{\mu\nu}$ nennt man vermöge dieses Transformationsgesetzes Komponenten eines Tensors vom zweiten Range[1]) (letzteres wegen der Zwei-Zahl der Indizes). Verschwinden sämtliche Komponenten $a_{\mu\nu}$ eines Tensors in bezug auf *ein* kartesisches System, so verschwinden sie auch in bezug auf jedes andere kartesische System. Die Fläche zweiten Grades wird ihrer Form und Lage nach durch diesen Tensor (a) dargestellt.

Es lassen sich Tensoren von beliebig hohem Range (Indexanzahl) analytisch definieren. Es erweist sich als möglich und zweckmäßig, Vektoren als Tensoren vom Range 1, Invarianten (Skalare) als Tensoren vom Range 0 anzusehen. Mit Rücksicht darauf läßt sich die Aufgabe der Invariantentheorie dahin formulieren: Nach welchen Gesetzen lassen sich aus gegebenen Tensoren neue bilden? Diese Gesetze wollen wir nun betrachten, um sie in der Folge anwenden zu können. Dabei handelt es sich zunächst nur um die Tensoren bezüglich linearer orthogonaler Transformationen, wie sie den Übergang von einem kartesischen System zu einem anderen desselben Bezugsraumes beherrschen. Da die Gesetze im ganzen von der Dimensionszahl unabhängig sind, wollen wir letztere vorläufig unbestimmt lassen (Dimensionszahl n).

Definition. Wenn ein Gebilde bezüglich jedes kartesischen Koordinatensystems eines Bezugsraumes von n Dimensionen durch n^α Zahlen $A_{\mu\nu\varrho\ldots}$ (α = Zahl der Indizes) definiert ist, so bilden diese die Komponenten eines Tensors vom Range α, wenn ihr Transformationsgesetz

$$A'_{\mu'\nu'\varrho'\ldots} = b_{\mu'\mu}\, b_{\nu'\nu}\, b_{\varrho'\varrho} \ldots A_{\mu\nu\varrho\ldots} \tag{7}$$

ist.

Bemerkung: Aus dieser Definition folgt, daß

$$A_{\mu\nu\varrho\ldots}\, B_\mu\, C_\nu\, D_\varrho \ldots \tag{8}$$

[1]) In der neueren Literatur wird der „Rang" eines Tensors häufig mit „Stufe" bezeichnet.

eine Invariante ist, falls (B), (C), (D) ... Vektoren sind. Umgekehrt kann der Tensorcharakter von (A) gefolgert werden, wenn bekannt ist, daß die obige Bildung für beliebige Wahl der Vektoren (B), (C) usw. auf eine Invariante führt.

Addition und Subtraktion. Durch Addition und Subtraktion entsprechender Komponenten von Tensoren gleichen Ranges entsteht wieder ein Tensor von gleichem Range:

$$A_{\mu\nu\varrho\ldots} \pm B_{\mu\nu\varrho\ldots} = C_{\mu\nu\varrho\ldots} \tag{9}$$

Beweis aus der obigen Definition des Tensors.

Multiplikation. Aus einem Tensor vom Range α und einem Tensor vom Range β erhält man einen Tensor vom Range $\alpha + \beta$, indem man alle Komponenten des ersten mit allen Komponenten des zweiten multipliziert:

$$T_{\mu\nu\varrho\ldots\alpha\beta\gamma\ldots} = A_{\mu\nu\varrho\ldots} B_{\alpha\beta\gamma\ldots} \tag{10}$$

Verjüngung. Aus einem Tensor vom Range α erhält man einen Tensor vom Range $\alpha - 2$, indem man zwei bestimmte Indizes einander gleich setzt und über diesen nunmehr einheitlichen Index summiert:

$$T_{\varrho\ldots} = A_{\mu\mu\varrho\ldots} (= \sum_{\mu} A_{\mu\mu\varrho\ldots}) \,. \tag{11}$$

Beweis:

$$\begin{aligned} A'_{\mu\mu\varrho} &= b_{\mu\alpha}\, b_{\mu\beta}\, b_{\varrho\gamma} \ldots A_{\alpha\beta\gamma\ldots} = \delta_{\alpha\beta}\, b_{\varrho\gamma} \ldots A_{\alpha\beta\gamma\ldots} \\ &= b_{\varrho\gamma} \ldots A_{\alpha\alpha\gamma\ldots} \end{aligned}$$

Zu diesen elementaren Rechnungsregeln tritt noch die der Tensorbildung (Erweiterung) durch Differentiation

$$T_{\mu\nu\varrho\ldots\alpha} = \frac{\partial A_{\mu\nu\varrho\ldots}}{\partial x_\alpha} \,. \tag{12}$$

Wenn (A) ein Tensor vom Range α ist, so ist (T) ein Tensor vom Range $\alpha + 1$. Der Beweis folgt aus den Transformationsgleichungen (3a) und (5), aus welch letzteren man schließt:

$$\frac{\partial}{\partial x'_\nu} = \frac{\partial}{\partial x_\alpha} \cdot \frac{\partial x_\alpha}{\partial x'_\nu} = b_{\nu\alpha} \frac{\partial}{\partial x_\alpha} . \tag{13}$$

Gemäß diesen Rechnungsregeln lassen sich aus Tensoren (bezüglich linearer orthogonaler Transformationen) neue ableiten.

Symmetrieeigenschaften der Tensoren. Tensoren heißen symmetrisch bzw. antisymmetrisch bezüglich zweier ihrer Indizes μ und ν, wenn die beiden Komponenten, die aus der Vertauschung der Indizes μ und ν auseinander hervorgehen, einander gleich bzw. entgegengesetzt gleich sind.

Bedingung der Symmetrie: $A_{\mu\nu\varrho} = A_{\nu\mu\varrho}$

Bedingung der Antisymmetrie: $A_{\mu\nu\varrho} = -A_{\nu\mu\varrho}$

Satz: Der Charakter der Symmetrie bzw. Antisymmetrie besteht unabhängig von der Koordinatenwahl, durch welchen Satz er erst wirklich Bedeutung erhält. Beweis aus der Definitionsgleichung der Tensoren.

Spezielle Tensoren.

I. Die Größen $\delta_{\varrho\sigma}$ [Gleichung (4)] sind Tensorkomponenten (Fundamentaltensor).

Beweis: Setzt man in die rechte Seite der Transformationsgleichungen $A'_{\mu\nu} = b_{\mu\alpha} b_{\nu\beta} A_{\alpha\beta}$ für $A_{\alpha\beta}$ die Größen $\delta_{\alpha\beta}$ ($= 1$ bzw. $= 0$, je nachdem $\alpha = \beta$ oder $\alpha \neq \beta$), so erhält man

$$A'_{\mu\nu} = b_{\mu\alpha} b_{\nu\alpha} = \delta_{\mu\nu} .$$

Die Berechtigung des letzten Gleichheitszeichens erhellt, wenn man (4) auf die inverse Substitution (5) anwendet.

II. Es gibt einen bezüglich aller Indexpaare antisymmetrischen Tensor ($\delta_{\mu\nu\varrho\ldots}$), dessen Rang α gleich der Dimensionszahl n ist, und dessen Komponenten gleich $+1$ oder -1 sind, je nachdem

$\mu\,\nu\,\varrho\ldots$ eine gerade oder ungerade Permutation von $1\,2\,3\ldots$ ist.

Beweis mit Hilfe des oben bewiesenen Satzes $|b_{\varrho\sigma}| = 1$.

Diese wenigen einfachen Sätze bilden — wie sich im folgenden zeigen wird — den invariantentheoretischen Apparat für den Aufbau der Gleichungen der vorrelativistischen Physik und der speziellen Relativitätstheorie.

Wir haben gesehen, daß es für die räumliche Beschreibung in der vorrelativistischen Physik eines Bezugskörpers bzw. Bezugsraumes und in diesem eines kartesischen Koordinatensystems bedarf. Wir können diese beiden Begriffe in einen verschmelzen, indem wir uns das kartesische Koordinatensystem als ein kubisches Stabgerüst denken, welches aus lauter Stäben von der Länge 1 aufgebaut ist. Die Gitterpunkte dieses Gerüstes haben ganzzahlige Koordinaten. Daß die Stäbe eines solchen Gitters alle die Länge 1 haben, folgt aus der Fundamentalbeziehung

$$s^2 = \Delta x_1^2 + \Delta x_2^2 + \Delta x_3^2\,.$$

Zur zeitlichen Beschreibung bedürfen wir ferner einer Einheitsuhr, die etwa im Anfangspunkt unseres kartesischen Koordinatensystems (Stabgerüstes) aufgestellt sei. Findet irgendwo ein Ereignis statt, so können wir ihm drei Koordinaten x_ν und einen Zeitwert t zuschreiben, *wenn von dem Ereignis feststeht, welche Uhrzeit t der im Koordinatenursprung befindlichen Uhr ihm gleichzeitig sei.* Wir geben damit der Aussage der Gleichzeitigkeit distanter Ereignisse (hypothetisch) eine objektive Bedeutung, während oben nur von der Gleichzeitigkeit zweier Erlebnisse eines Subjekts die Rede war. Die so festgelegte Zeit ist jedenfalls unabhängig von der Lage des Koordinatensystems im Bezugsraume, also eine Invariante bezüglich der Transformation (3).

Die vorrelativistische Physik postuliert, daß die ihre Gesetze ausdrückenden Gleichungssysteme mit Bezug auf die Transformation (3) kovariant seien, ebenso wie die Relation der EUKLIDischen Geometrie. Es wird dadurch die Isotropie und Homogenität des Raumes zum Ausdruck gebracht[1]). Wir wollen nun die wichtigsten physikalischen Gleichungen von diesem Gesichtspunkte aus betrachten.

Bewegungsgleichungen des Massenpunktes

$$m \frac{d^2 x_\nu}{dt^2} = X_\nu \tag{14}$$

(dx_ν) ist ein Vektor, dt, also auch $\frac{1}{dt}$ eine Invariante, also $\left(\frac{dx_\nu}{dt}\right)$ ein Vektor; ebenso zeigt man, daß $\left(\frac{d^2 x_\nu}{dt^2}\right)$ ein Vektor ist. Allgemein ändert der Differentiationsprozeß nach der Zeit den Tensorcharakter nicht. Da m eine Invariante ist (Tensor nullten Ranges), so ist auch $\left(m \frac{d^2 x_\nu}{dt^2}\right)$ ein Vektor oder Tensor ersten Ranges (nach dem Satz von der äußeren Multiplikation der Tensoren). Hat also die Kraft (X_ν) Vektorcharakter, so gilt dies auch für die Differenz $\left(m \frac{d^2 x_\nu}{dt^2} - X_\nu\right)$. Die Bewegungsgleichung gilt also auch für jedes andere kartesische

[1]) Allerdings könnte man z. B. auch in dem Falle, daß es im Raume eine physikalisch bevorzugte Richtung gäbe, die physikalischen Gesetze durch Gleichungen zum Ausdruck bringen, welche bezüglich der Transformationen (3) kovariant sind; eine solche Darstellung wäre aber in diesem Falle eine unzweckmäßige. Gäbe es nämlich eine bevorzugte Richtung, so wäre es im Interesse der Einfachheit der Naturbeschreibung zweckmäßig, das Koordinatensystem zu dieser Richtung in bestimmter Weise zu orientieren. Ist aber umgekehrt keine Richtung des Raumes vor anderen physikalisch bevorzugt, so ist es unlogisch, die Naturgesetze so zu formulieren, daß die Gleichwertigkeit verschieden orientierter Koordinatensysteme verborgen bleibt. Wir werden diesen Gesichtspunkt bei der speziellen und allgemeinen Relativitätstheorie wieder antreffen.

Koordinatensystem des Bezugsraumes. Für den Fall, daß die Kräfte konservativ sind, ist der Vektorcharakter von (X_ν) leicht erkennbar. Denn dann existiert eine potentielle Energie Φ, welche nur von den Punktabständen abhängt, also eine Invariante ist; dann ist der Vektorcharakter der Kraft $X_\nu = -\frac{\partial \Phi}{\partial x_\nu}$ eine Folge unserer allgemeinen Sätze (Erweiterung eines Tensors vom Range 0).

Durch Multiplikation mit dem Tensor ersten Ranges der Geschwindigkeit erhält man ferner die Tensorgleichung

$$\left(m \frac{d^2 x_\nu}{dt^2} - X_\nu\right) \frac{dx_\mu}{dt} = 0 .$$

Durch Verjüngen und Multiplikation mit dem Skalar dt erhält man die Gleichung der kinetischen Energie

$$d\left(\frac{m\, q^2}{2}\right) = X_\nu\, dx_\nu .$$

Bezeichnet man mit ξ_ν die Differenz der Koordinaten des materiellen Punktes und derjenigen eines raumfesten Punktes, so haben die ξ_ν Vektorcharakter. Offenbar ist $\frac{d^2 x_\nu}{dt^2} = \frac{d^2 \xi_\nu}{dt^2}$, so daß man die Bewegungsgleichungen des Punktes auch schreiben kann

$$m \frac{d^2 \xi_\nu}{dt^2} - X_\nu = 0 .$$

Multipliziert man diese Gleichung mit ξ_μ, so erhält man eine Tensorgleichung

$$\left(m \frac{d^2 \xi_\nu}{dt^2} - X_\nu\right) \xi_\mu = 0 .$$

Durch Verjüngen des linksstehenden Tensors und Bilden des zeitlichen Mittels gelangt man zum Virialsatz, worauf wir nicht näher eingehen. Durch Vertauschung der Indizes und nachfolgende Subtraktion erhält man nach einfacher Umformung den Momentensatz

$$\frac{d}{dt}\left[m\left(\xi_\mu \frac{d\xi_\nu}{dt} - \xi_\nu \frac{d\xi_\mu}{dt}\right)\right] = \xi_\mu X_\nu - \xi_\nu X_\mu . \quad (15)$$

Bei dieser Darstellung wird es offenbar, daß die Momente von Vektoren nicht wieder Vektoren, sondern Tensoren sind. Wegen des antisymmetrischen Charakters gibt es aber nun nicht neun, sondern nur drei selbständige Gleichungen dieses Systems. Die Möglichkeit, antisymmetrische Tensoren zweiten Ranges im Raume von drei Dimensionen durch Vektoren zu ersetzen, beruht auf der Bildung des Vektors

$$A_\mu = \frac{1}{2} A_{\sigma\tau}\, \delta_{\sigma\tau\mu} .$$

Durch Multiplikation des antisymmetrischen Tensors zweiten Ranges mit dem oben genannten speziellen antisymmetrischen Tensor δ und doppelte Verjüngung entsteht ein Vektor, dessen Komponenten denen des Tensors numerisch gleich sind. Es sind dies die sogenannten axialen Vektoren, deren Komponenten sich beim Übergang von einem Rechtssystem zu einem Linkssystem anders transformieren als die Δx_ν. Die Auffassung der antisymmetrischen Tensoren zweiten Ranges als Vektoren im Raume von drei Dimensionen hat den Vorteil einer gewissen Anschaulichkeit; aber sie wird der eigentlichen Natur der betreffenden Größen nicht so unmittelbar gerecht wie die Tensorauffassung.

Wir betrachten zweitens die Bewegungsgleichungen kontinuierlich verbreiteter Massen. ϱ sei die Dichte, u_ν die Geschwindigkeitskomponenten als Funktion der Koordinaten und der Zeit, ferner X_ν die Volumkraft bezogen auf die Masseneinheit, $p_{\nu\sigma}$ die Flächenkraft auf eine Fläche senkrecht zur σ-Achse in der Richtung der wachsenden x_ν. Dann sind die Bewegungsgleichungen nach NEWTONS Gesetz

$$\varrho \frac{du_\nu}{dt} = - \frac{\partial p_{\nu\sigma}}{\partial x_\sigma} + \varrho X_\nu ,$$

wobei $\frac{du_\nu}{dt}$ die Beschleunigung eines Teilchens ist, das zur Zeit t die Koordinaten x_ν besitzt. Drückt man diese Beschleunigung durch partielle Differentialquotienten aus, so erhält man nach Division mit ϱ

$$\frac{\partial u_\nu}{\partial t} + \frac{\partial u_\nu}{\partial x_\sigma} u_\sigma = - \frac{1}{\varrho} \frac{\partial p_{\nu\sigma}}{\partial x_\sigma} + X_\nu . \tag{16}$$

Es ist zu zeigen, daß diese Gleichung eine Bedeutung hat, die unabhängig ist von der speziellen Wahl des kartesischen Koordinatensystems. (u_ν) ist ein Vektor, also auch $\frac{\partial u_\nu}{\partial t}$. $\frac{\partial u_\nu}{\partial x_\sigma}$ ist ein Tensor zweiten Ranges, $\frac{\partial u_\nu}{\partial x_\sigma} u_\tau$ ein Tensor dritten Ranges; durch Verjüngung nach den Indizes σ, τ entsteht das zweite Glied der linken Seite. Das zweite Glied der rechten Seite hat unmittelbar Vektorcharakter. Damit auch das erste Glied der rechten Seite Vektorcharakter habe, muß $p_{\nu\sigma}$ ein Tensor sein; dann entsteht $\frac{\partial p_{\nu\sigma}}{\partial x_\sigma}$ durch Erweiterung und Verjüngung, hat also Vektorcharakter, auch nach Multiplikation mit dem reziproken Skalar $\frac{1}{\varrho}$. Daß $p_{\nu\sigma}$ Tensorcharakter besitzt, sich also gemäß den Gleichungen

$$p'_{\mu\nu} = b_{\mu\alpha} b_{\nu\beta} p_{\alpha\beta}$$

transformiert, wird in der Mechanik durch Integration jener Gleichungen über ein unendlich kleines Tetraeder bewiesen. Dort wird auch durch Anwendung des Momentensatzes auf ein unendlich kleines Parallelepiped bewiesen, daß $p_{\nu\sigma} = p_{\sigma\nu}$ ist, daß also der Tensor der Flächenkräfte ein symmetrischer Tensor ist. Aus dem

Gesagten geht hervor, daß man mit Hilfe der obigen Regeln der Gleichung mit einem Blicke ansehen kann, daß sie mit Bezug auf räumliche Orthogonaltransformationen (Drehungstransformationen) kovariant ist, bzw. nach welchen Regeln sich die auftretenden Größen transformieren müssen, damit dies der Fall sei.

Die Kovarianz der Kontinuitätsgleichung

$$\frac{\partial \varrho}{\partial t} + \frac{\partial (\varrho\, u_\nu)}{\partial x_\nu} = 0 \tag{17}$$

bedarf nach dem Vorhergehenden keiner besonderen Erläuterung.

Auch diejenigen Gleichungen, welche die Druckkomponenten in Abhängigkeit vom Zustande der Materie ausdrücken, wollen wir auf ihre Kovarianz prüfen bzw. sie mit Hilfe der Kovarianzforderung aufstellen für den Fall einer kompressiblen viskosen Flüssigkeit. Bei Vernachlässigung der inneren Reibung wird ein Druck p skalaren Charakters vorhanden sein, der nur von Dichte und Temperatur der Flüssigkeit abhängig sein wird. Der Beitrag zum Drucktensor ist dann offenbar gleich

$$p\, \delta_{\mu\nu}\,,$$

wobei $\delta_{\mu\nu}$ der spezielle symmetrische Tensor ist. Dieser Term wird auch im Falle der viskosen Flüssigkeit vorhanden sein. In diesem Falle werden aber noch Terme von Flächenkräften vorhanden sein, die von den räumlichen Ableitungen der u_ν abhängen. Von dieser Abhängigkeit nehmen wir an, daß sie linear sei. Da der Charakter eines symmetrischen Tensors verlangt wird, kommt nur die Bildung

$$\alpha\left(\frac{\partial u_\mu}{\partial x_\nu} + \frac{\partial u_\nu}{\partial x_\mu}\right) + \beta\, \delta_{\mu\nu} \frac{\partial u_\alpha}{\partial x_\alpha}$$

in Frage $\left(\text{da } \frac{\partial u_\alpha}{\partial x_\alpha} \text{ ein Skalar ist}\right)$. Aus physikalischen Gründen (Fehlen jeder Gleitung) ist anzunehmen, daß bei allseitig symmetrischer Dilatation, d. h. im Falle, daß $\frac{\partial u_1}{\partial x_1} = \frac{\partial u_2}{\partial x_2} = \frac{\partial u_3}{\partial x_3}$, $\frac{\partial u_1}{\partial x_2}$ usw. $= 0$, keine Reibungskräfte vorhanden sind, woraus $\beta = -\frac{2}{3}\alpha$ folgt. Im Falle, daß nur $\frac{\partial u_1}{\partial x_3}$ von Null verschieden ist, sei ferner $p_{31} = -\eta\frac{\partial u_1}{\partial x_3}$, wodurch α bestimmt wird. Man erhält für den ganzen Drucktensor

$$p_{\mu\nu} = p\,\delta_{\mu\nu} - \eta\left[\left(\frac{\partial u_\mu}{\partial x_\nu} + \frac{\partial u_\nu}{\partial x_\mu}\right) - \frac{2}{3}\left(\frac{\partial u_1}{\partial x_1} + \frac{\partial u_2}{\partial x_2} + \frac{\partial u_3}{\partial x_3}\right)\delta_{\mu\nu}\right]. \tag{18}$$

Man sieht an diesem Beispiel die heuristische Bedeutung invariantentheoretischer Gesichtspunkte, die aus der Bedingung der Isotropie des Raumes (Gleichwertigkeit der Richtungen) stammen.

Wir betrachten noch die MAXWELLschen Gleichungen, wie sie das Fundament der LORENTZschen Elektronentheorie bilden.

$$\left.\begin{aligned}
\frac{\partial \mathfrak{h}_3}{\partial x_2} - \frac{\partial \mathfrak{h}_2}{\partial x_3} &= \frac{1}{c}\frac{\partial \mathfrak{e}_1}{\partial t} + \frac{1}{c}\,\mathfrak{i}_1 \\
\frac{\partial \mathfrak{h}_1}{\partial x_3} - \frac{\partial \mathfrak{h}_3}{\partial x_1} &= \frac{1}{c}\frac{\partial \mathfrak{e}_2}{\partial t} + \frac{1}{c}\,\mathfrak{i}_2 \\
&\cdots\cdots \\
\frac{\partial \mathfrak{e}_1}{\partial x_1} + \frac{\partial \mathfrak{e}_2}{\partial x_2} + \frac{\partial \mathfrak{e}_3}{\partial x_3} &= \varrho
\end{aligned}\right\} \tag{19}$$

$$\left.\begin{aligned}
\frac{\partial \mathfrak{e}_3}{\partial x_2} - \frac{\partial \mathfrak{e}_2}{\partial x_3} &= -\frac{1}{c}\frac{\partial \mathfrak{h}_1}{\partial t} \\
\frac{\partial \mathfrak{e}_1}{\partial x_3} - \frac{\partial \mathfrak{e}_3}{\partial x_1} &= -\frac{1}{c}\frac{\partial \mathfrak{h}_2}{\partial t} \\
&\cdots\cdots \\
\frac{\partial \mathfrak{h}_1}{\partial x_1} + \frac{\partial \mathfrak{h}_2}{\partial x_2} + \frac{\partial \mathfrak{h}_3}{\partial x_3} &= 0
\end{aligned}\right\} \tag{20}$$

$\mathfrak{i}$ ist ein Vektor, da die Stromdichte definiert ist als Elektrizitätsdichte, multipliziert mit dem Geschwindigkeitsvektor der Elektrizität. Also ist es nach den ersten drei Gleichungen naheliegend, auch $\mathfrak{e}$ als einen Vektor zu betrachten. Dann können wir $\mathfrak{h}$ nicht als Vektor auffassen[1]). Die Gleichungen lassen sich aber leicht interpretieren, indem man $\mathfrak{h}$ als antisymmetrischen Tensor vom Range 2 interpretiert. Wir schreiben in diesem Sinne statt $\mathfrak{h}_1$, $\mathfrak{h}_2$, $\mathfrak{h}_3$ der Reihe nach $\mathfrak{h}_{23}$, $\mathfrak{h}_{31}$, $\mathfrak{h}_{12}$. Mit Rücksicht auf die Antisymmetrie von $\mathfrak{h}_{\mu\nu}$ können die ersten drei Gleichungen von (19) und (20) in die Form gebracht werden

$$\frac{\partial \mathfrak{h}_{\mu\nu}}{\partial x_\nu} = \frac{1}{c}\frac{\partial \mathfrak{e}_\mu}{\partial t} + \frac{1}{c}\mathfrak{i}_\mu \tag{19a}$$

$$\frac{\partial \mathfrak{e}_\mu}{\partial x_\nu} - \frac{\partial \mathfrak{e}_\nu}{\partial x_\mu} = +\frac{1}{c}\frac{\partial \mathfrak{h}_{\mu\nu}}{\partial t}\,. \tag{20a}$$

$\mathfrak{h}$ erscheint demnach im Gegensatz zu $\mathfrak{e}$ als Größe vom Symmetriecharakter eines Drehmomentes oder einer Rotationsgeschwindigkeit. Die Divergenzgleichungen aber nehmen die Formen an

$$\frac{\partial \mathfrak{e}_\nu}{\partial x_\nu} = \varrho \tag{19b}$$

$$\frac{\partial \mathfrak{h}_{\mu\nu}}{\partial x_\varrho} + \frac{\partial \mathfrak{h}_{\nu\varrho}}{\partial x_\mu} + \frac{\partial \mathfrak{h}_{\varrho\mu}}{\partial x_\nu} = 0\,. \tag{20b}$$

Die letzte Gleichung ist eine antisymmetrische Tensorgleichung vom dritten Range (die Antisymmetrie der linken Seite bezüglich jedes Indexpaares ist mit Rücksicht auf die Antisymmetrie von $\mathfrak{h}_{\mu\nu}$ leicht zu beweisen).

[1]) Diese Betrachtungen sollen den Leser mit der Tensorbetrachtung bekannt machen ohne die besonderen Schwierigkeiten der vierdimensionalen Betrachtungsweise, damit dann die entsprechenden Betrachtungen der speziellen Relativitätstheorie (MINKOWSKIS Interpretation des Feldes) weniger Schwierigkeiten machen.

Sie enthält also trotz ihrer drei Indizes nur eine einzige Bedingung. Diese Schreibweise ist darum natürlicher als die übliche, weil sie im Gegensatz zu letzterer ohne Zeichenänderung auf kartesische Linkssysteme wie auf Rechtssysteme paßt.

Spezielle Relativitätstheorie

Die bisherigen Überlegungen sind, abgesehen von der Voraussetzung der Gültigkeit der Euklidischen Geometrie, für die Lagerungsmöglichkeiten fester Körper auf die Voraussetzung gegründet, daß alle *Richtungen* des Raumes (bzw. Lagerungen kartesischer Koordinatensysteme) physikalisch gleichwertig seien. Es gibt keine *absolute* Richtung im Bezugsraume, welche durch objektive Merkmale ausgezeichnet wäre, sondern nur Relationen zwischen Richtungen. Man kann diese Aussage als „Relativitätsprinzip in bezug auf die Richtung" bezeichnen, und es wurde gezeigt, daß mittels des Tensorkalküls diesem Prinzip entsprechend gebaute Gleichungen (Naturgesetze) gefunden werden können. Nun stellen wir uns die Frage, ob es auch eine Relativität hinsichtlich des Bewegungszustandes des Bezugsraumes gibt, d. h. ob es relativ zueinander bewegte Bezugsräume gibt, welche physikalisch gleichwertig sind. Vom Standpunkt der Mechanik scheinen gleichberechtigte Bezugsräume zu existieren. Denn wir merken beim Experimentieren auf der Erde nichts davon, daß diese sich mit etwa 30 km/sec Geschwindigkeit um die Sonne bewegt. Andererseits scheint aber diese physikalische Gleichwertigkeit nicht für beliebig bewegte Bezugsräume zu gelten; denn die mechanischen Vorgänge scheinen in bezug auf einen schaukelnden Eisenbahnwagen nicht nach denselben Gesetzen vor sich zu gehen, wie in bezug auf einen gleichmäßig fahrenden Eisenbahnwagen; die Drehung der Erde macht sich geltend bei der Formulierung der Bewegungsgesetze in bezug auf die Erde. Es scheint also, daß es kartesische Koordinatensysteme (sogenannte Inertialsysteme) gebe, in bezug auf welche die Gesetze der Mechanik (allgemeiner überhaupt der Physik) ihre einfachste Form annehmen. Wir können die Gültigkeit des Satzes vermuten: Ist K ein Inertialsystem, so ist jedes gegenüber K gleichmäßig und drehungsfrei bewegte Koordinatensystem K' ebenfalls ein Inertialsystem; die Naturgesetze stimmen für alle Inertialsysteme überein. Diese Aussage bezeichnen wir als „spezielles Relativitätsprinzip". Aus diesem Prinzip der „Translationsrelativität" wollen wir ebenso die Folgerungen ziehen, wie wir sie im vorhergehenden bezüglich der Richtungsrelativität gezogen haben.

Um dies zu können, muß folgende Vorfrage gelöst sein. Sind kartesische Koordinaten x_ν und Zeit t eines Ereignisses in bezug auf ein Inertialsystem K gegeben, wie berechnet man Koordinaten x'_ν und Zeit t' desselben Ereignisses in bezug auf ein relativ zu K in gleichförmiger Translationsbewegung befindliches Inertialsystem K'? Die vorrelativistische Physik löste diese Frage auf Grund zweier unbewußt zugrunde gelegter Hypothesen, nämlich:

1. Die Zeit ist absolut; die Zeit t' eines Ereignisses in bezug auf K' ist gleich der Zeit t desselben Ereignisses in bezug auf K. Gäbe es Momentansignale in die Ferne, so würde diese Voraussetzung physikalisch begründet sein, ebenso wenn man wüßte, daß der Bewegungszustand einer Uhr ohne Einfluß auf ihren Gang sei. Denn man könnte dann einmal gleichgerichtete, gleichbeschaffene Uhren über die Systeme K, K' relativ zu einem von diesen ruhend verteilen, und es wären ihre Angaben davon unabhängig, durch was für Bewegungsvorgänge diese Verteilung vorgenommen wird; jede Uhr würde dann zur Zeitmessung für diejenigen Ereignisse verwendet werden können, welche in unmittelbarer Nähe der Uhr stattfinden.

2. Die Strecke ist absolut; hat eine relativ zu K ruhende Strecke die Länge s, so hat sie auch relativ zu dem in bezug auf K bewegten System K' dieselbe Länge s.

Auf Grund dieser Voraussetzungen findet man für den Fall, daß die Achsen von K' denen von K parallel sind, durch einfache Rechnung die Transformationsgleichungen

$$x'_\nu = x_\nu - a_\nu - b_\nu t \qquad (21)$$
$$t' = t - b\,.$$

Man bezeichnet diese Transformation als „GALILEI-Transformation". Durch zweimalige Differentiation von (21) nach t folgt $\frac{d^2 x'_\nu}{dt^2} = \frac{d^2 x_\nu}{dt^2}$. Ferner folgt für zwei gleichzeitige Ereignisse $x'^{(1)}_\nu - x'^{(2)}_\nu = x^{(1)}_\nu - x^{(2)}_\nu$. Durch Quadrieren und Addieren folgt die Invarianz des Abstandes r zweier Punkte. Es folgt hieraus leicht die Kovarianz der Bewegungsgleichungen NEWTONS bezüglich der GALILEI-Transformation (21). Daraus folgt, daß die klassische Mechanik dem speziellen Relativitätsprinzip entspricht, wenn die obigen Hypothesen bezüglich der Meßstäbe und Uhren hinzugenommen werden.

Aber diese Bestrebung, die Translationsrelativität auf die GALILEI-Transformation zu gründen, scheitert an den elektromagnetischen Vorgängen. *Die* MAXWELL-LORENTZ*schen elektromagnetischen Feldgleichungen sind bezüglich* GALILEI-*Transformationen nicht kovariant*. Speziell ist zu bemerken, daß ein Lichtstrahl, der in bezug auf K die Geschwindigkeit c hat, gemäß (21) in bezug auf K' eine von c verschiedene, von der Richtung abhängige Geschwindigkeit haben müßte. Es wäre also der Bezugsraum von K bezüglich seiner physikalischen Eigenschaften von allen relativ bewegten Bezugsräumen ausgezeichnet (ruhender Äther). Alle Versuche haben aber ergeben, daß die elektromagnetischen und optischen Vorgänge relativ zur Erde als Bezugskörper so verlaufen, daß sich die Translationsgeschwindigkeit der Erdbewegung nicht bemerkbar macht. Der wichtigste dieser Versuche ist der von MICHELSON und MORLEY, den ich hier wohl als bekannt voraussetzen darf. Es darf also die Gültigkeit des speziellen Relativitätsprinzips auch bezüglich der elektromagnetischen Vorgänge kaum mehr in Zweifel gezogen werden.

Andererseits haben sich die MAXWELL-LORENTZschen Feldgleichungen derart bewährt bei der Behandlung der Probleme der Optik bewegter Körper, daß die Wissenschaft bei ihnen bleiben muß. Keine andere Theorie vermochte die Tatsachen der Aberration, der Ausbreitung des Lichtes in bewegten Körpern (FIZEAU), der an Doppelster en beobachteten Erscheinungen (DE SITTER) befriedigend zu erklären. Die Konsequenz der MAXWELL-LORENTZschen Gleichungen, daß — wenigstens bezüglich eines bestimmten Inertialsystems K — sich das Licht im leeren Raum mit der Geschwindigkeit c fortpflanze („Prinzip von der Konstanz der Lichtgeschwindigkeit"), muß uns also als gesichert gelten. Nach dem speziellen Relativitätsprinzip müssen wir dann die Gültigkeit dieses Prinzips auch für jedes andere Inertialsystem als gesichert annehmen.

Bevor wir aus diesen beiden Prinzipien Folgerungen ziehen, müssen wir die Begriffe „Zeit" und „Geschwindigkeit" erst einer Kritik unterziehen, was deren physikalische Bedeutung anlangt. Daß die kartesischen Koordinaten bezüglich eines Inertialsystems durch Messungen bzw. Meßkonstruktionen mittels fester Körper physikalisch definiert sind, folgt bereits aus früheren Betrachtungen. Zur Messung der Zeit haben wir eine Uhr U irgendwo gegen K ruhend angeordnet gedacht. Aber mit Hilfe dieser Uhr können Ereignisse nicht unmittelbar zeitlich gewertet werden, deren räumlicher Abstand von der Uhr nicht vernachlässigbar klein ist; denn es stehen keine „Momentsignale" zur Verfügung, um diese Ereignisse mit der Uhr U zeitlich zu vergleichen. Man kann zur Vervollständigung der Zeitdefinition das Prinzip der Konstanz der Vakuumlichtgeschwindigkeit benutzen. Man denke sich in Punkten des Systems K gleich beschaffene Uhren ruhend angeordnet und nach folgendem Schema gerichtet. Wird ein Lichtstrahl von einer dieser Uhren U_m, wenn diese Uhr t_m zeigt, durch den leeren Raum nach einer anderen Uhr U_n gesandt, die von der ersten die Entfernung r_{mn} besitzt, so soll die Uhr U_n bei der Ankunft des Lichtstrahls die Zeit $t_n = t_m + r_{mn}/c$ zeigen[1]). Das Prinzip von der Konstanz der Lichtgeschwindigkeit sagt dann aus, daß dies Richten der Uhren nicht auf Widersprüche führt. Mit den so gerichteten Uhren kann man dann Ereignisse zeitlich werten, die irgend einer dieser Uhren räumlich beliebig nahe sind. Wesentlich ist, daß diese Zeitdefinition sich nur auf das Inertialsystem K bezieht, da wir ja ein System von relativ zu K ruhenden Uhren benutzt haben. Es folgt aus dieser Definition keineswegs der in der vorrelativistischen Physik vorausgesetzte absolute Charakter der Zeit (d. h. Unabhängigkeit der Zeitwerte von der Wahl des zugrunde gelegten Inertialsystems).

Es ist der Relativitätstheorie oft vorgeworfen worden, daß sie der Lichtfortpflanzung ungerechtfertigterweise eine zentrale theoretische Rolle zuweise, indem sie auf das Gesetz der Lichtfortpflanzung den Zeitbegriff gründe. Damit verhält es sich wie folgt. Um dem Zeitbegriff überhaupt physikalische Bedeutung zu geben, bedarf es der Benutzung irgendwelcher Vorgänge, welche Relationen zwischen verschiedenen Orten herstellen können. Welche Art von Vorgängen man für eine solche Zeitdefinition wählt, ist an sich gleichgültig. Man wird

[1]) Eigentlich ist es richtiger, die Gleichzeitigkeit räumlich entfernter Ereignisse zuerst zu definieren, etwa durch die Festsetzung: zwei in den Punkten A und B des Systems K stattfindende Ereignisse sind gleichzeitig, wenn sie im Mittelpunkt M der Strecke $\overline{AB}$ gleichzeitig gesehen werden können. Die Zeit ist dann definiert durch den Inbegriff der Angaben gleichbeschaffener, relativ zu K ruhender Uhren, welche gleichzeitig gleiche „Zeigerstellung" aufweisen.

aber mit Vorteil für die Theorie nur einen solchen Vorgang wählen, von dem wir etwas Sicheres wissen. Dies gilt von der Lichtausbreitung im leeren Raume in höherem Maße als von allen anderen in Betracht kommenden Vorgängen — dank den Forschungen von MAXWELL und H. A. LORENTZ.

Nach all diesen Festsetzungen haben räumliche und zeitliche Angaben eine physikalisch-reale, keine bloß fiktive Bedeutung; insbesondere gilt dies von allen Relationen, in welchen Koordinaten und Zeiten auftreten, z. B. von den Relationen (21). Es hat daher einen Sinn zu fragen, ob jene Gleichungen zutreffen oder nicht, bzw. welches die wahren Transformationsgleichungen sind, welche für den Übergang von einem Inertialsystem L zu einem relativ bewegten Inertialsystem K' gelten. Es zeigt sich nun, daß diese durch das Prinzip von der Konstanz der Lichtgeschwindigkeit und das (spezielle) Relativitätsprinzip eindeutig festgelegt sind.

Wir denken uns nämlich Raum und Zeit in bezug auf die beiden gegeneinander bewegten Inertialsysteme K und K' in der angegebenen physikalisch sinnvollen Weise definiert. Es sei ferner ein Lichtstrahl, der sich von einem Punkt P_1 nach einem Punkt P_2 von K durch den leeren Raum fortpflanzt. Ist r die in K gemessene Entfernung beider Punkte, so muß die Lichtfortpflanzung der Gleichung genügen

$$r = c \cdot \Delta t\,.$$

Erhebt man die Gleichung ins Quadrat und drückt r^2 durch die Koordinatendifferenz Δx_ν aus, so kann man hierfür auch schreiben:

$$\sum (\Delta x_\nu)^2 - c^2\,\Delta t^2 = 0\,. \tag{22}$$

Diese Gleichung formuliert das Prinzip der Konstanz der Lichtgeschwindigkeit in bezug auf K. Sie soll gelten unabhängig vom Bewegungszustande der Lichtquelle, welche den Lichtstrahl emittiert hat.

Derselbe Ausbreitungsvorgang läßt sich aber auch von K' aus betrachten, wobei ebenfalls das Prinzip der Konstanz der Lichtgeschwindigkeit erfüllt sein muß. Es gilt also in bezug auf K' die Gleichung:

$$\sum (\Delta x'_\nu)^2 - c^2 \Delta t'^2 = 0 . \qquad (22a)$$

Die Gleichungen (22a) und (22) müssen vermöge der Transformation für Koordinaten und Zeit, welche dem Übergange von K zu K' entspricht, *einander gegenseitig bedingen.* Eine Transformation, welche dies leistet, wollen wir eine „LORENTZ-Transformation" nennen.

Bevor wir diese Transformationen näher ins Auge fassen, mag noch eine allgemeine Bemerkung über Raum und Zeit Platz finden. Raum und Zeit waren in der vorrelativistischen Physik getrennte Wesenheiten. Zeitliche Urteile galten unabhängig von der Wahl des Bezugsraumes. Bezüglich des Bezugsraumes war zwar bereits die NEWTONsche Mechanik relativ, so daß z. B. der Aussage der Gleichräumlichkeit zweier nicht gleichzeitiger Ereignisse kein objektiver (vom Bezugsraum unabhängiger) Sinn zukam. Aber diese Relativität spielte im Aufbau der Theorie keine Rolle. Man sprach von Raumpunkten wie von absoluten Realitäten, ebenso wie von Zeitpunkten. Es wurde nicht beachtet, daß das wahre Element der raumzeitlichen Beschreibung das *Ereignis* sei, welches durch vier Zahlen x_1, x_2, x_3, t zeiträumlich beschrieben wird. Die Auffassung des Geschehens war immer die eines vierdimensionalen Kontinuums; aber diese Erkenntnis wurde durch den absoluten Charakter der Zeit von der vorrelativistischen Physik verdunkelt. Mit dem Verlassen der Hypothese vom absoluten Charakter der Zeit, insbesondere der Gleichzeitigkeit, drängt sich jedoch die Erkenntnis von der Vierdimensionalität des Zeit-Räumlichen unmittelbar auf. Nicht der Raumpunkt, in dem etwas geschieht, nicht der Zeitpunkt, in dem etwas geschieht, hat physikalische Realität, sondern nur das Ereignis selbst. Zwischen zwei Ereignissen gibt es keine absolute (vom

Bezugsraum unabhängige) räumliche und keine absolute zeitliche Beziehung, wohl aber eine absolute (von der Wahl des Bezugsraumes unabhängige) zeit-räumliche Beziehung, wie aus dem Folgenden hervorgehen wird. Der Umstand, daß es keine objektiv-sinnvolle Zerspaltung des vierdimensionalen Kontinuums in ein dreidimensional-räumliches und ein eindimensional-zeitliches Kontinuum gibt, bringt es mit sich, daß die Naturgesetze erst dann ihre logisch befriedigendste Form annehmen, wenn man sie als Gesetze im vierdimensionalen Raum-Zeit-Kontinuum ausdrückt. Hierauf beruht der große methodische Fortschritt, den die Relativitätstheorie MINKOWSKI verdankt. Von diesem Standpunkt aus haben wir x_1, x_2, x_3, t als die vier Koordinaten eines Ereignisses im vierdimensionalen Kontinuum des Geschehens zu betrachten. Die anschauliche Belebung der Relationen dieses vierdimensionalen Kontinuums gelingt uns viel weniger als diejenige des dreidimensionalen EUKLIDischen Kontinuums; aber es muß betont werden, daß auch die Begriffe und Relationen der EUKLIDischen dreidimensionalen Geometrie nur gedanklich-abstrakter Natur sind und keineswegs identisch mit den Vorstellungsgebilden des Gesichts- und Tastsinns. Die Nichtspaltbarkeit des vierdimensionalen Kontinuums der Ereignisse involviert aber keineswegs die Gleichwertigkeit der räumlichen Koordinate mit der Zeitkoordinate. Wir haben vielmehr im Auge zu behalten, daß die zeitliche Koordinate ganz anders physikalisch definiert ist als die räumlichen Koordinaten. Ferner zeigen die Relationen (22) und (22a), deren Gleichsetzung die LORENTZ-Transformationen definiert, eine Verschiedenheit der Rolle der Zeitkoordinate mit den räumlichen Koordinaten, indem die Glieder Δt^2 das umgekehrte Zeichen haben wie die räumlichen Glieder Δx_1^2, Δx_2^2, Δx_3^2.

Bevor wir die Bedingung weiter analysieren, welche die LORENTZ-Transformation definiert, führen wir statt der Zeit t die Lichtzeit $l = c\,t$ ein, damit in den später aufzustellenden Formeln die Konstante c nicht explizite auftrete. Dann ist die LORENTZ-Transformation zunächst dadurch definiert, daß sie die Gleichung

$$\Delta x_1^2 + \Delta x_2^2 + \Delta x_3^2 - \Delta l^2 = 0 \qquad (22\text{b})$$

zu einer kovarianten Gleichung macht, d. h. zu einer Gleichung, welche gegenüber *jedem* Inertialsystem erfüllt ist, wenn sie für die ins Auge gefaßten beiden Ereignisse (Abgang und Ankunft des Lichtstrahles) gegenüber *einem* Inertialsystem erfüllt ist. Endlich führen wir mit MINKOWSKI statt der reellen Zeitkoordinate $l = c\,t$ die imaginäre Zeitkoordinate

$$x_4 = i\,l = i\,c\,t \qquad (\sqrt{-1} = i)$$

ein. Dann lautet unsere die Lichtfortpflanzung definierende Gleichung, deren Kovarianz durch die LORENTZ-Transformation herbeigeführt werden soll:

$$\sum_{(4)} \Delta x_\nu^2 = \Delta x_1^2 + \Delta x_2^2 + \Delta x_3^2 + \Delta x_4^2 = 0\,. \qquad (22\text{c})$$

Diese Kovarianz von (22b) ist jedenfalls erfüllt, wenn wir die weitergehende Bedingung durch die Transformation befriedigen, daß

$$s^2 = \Delta x_1^2 + \Delta x_2^2 + \Delta x_3^2 + \Delta x_4^2 \qquad (23)$$

eine Invariante sei[1]). Diese Bedingung wird nur durch lineare Transformationen erfüllt, d. h. durch solche vom Typus

$$x'_\mu = a_\mu + b_{\mu\alpha}\,x_\alpha\,, \qquad (24)$$

wobei die Summation über α von $\alpha = 1$ bis $\alpha = 4$ zu erstrecken ist. Ein Blick auf die Gleichungen (23) und (24) zeigt, daß *die so definierten* LORENTZ-*Transformationen, abgesehen von der Dimensionszahl und den Realitätsverhältnissen, identisch sind mit den Translations- und Drehungstransformationen der* EUKLID*ischen Geometrie.* Auch hier folgert man, daß die Koeffizienten $b_{\mu\alpha}$ die Bedingungen:

$$b_{\mu\alpha}\,b_{\nu\alpha} = \delta_{\mu\nu} = b_{\alpha\mu}\,b_{\alpha\nu} \qquad (25)$$

[1]) Daß diese Spezialisierung in der Natur der Sache liegt, wird später ersichtlich werden.

erfüllen müssen. Aus den Realitätsverhältnissen der x_ν folgt, daß die a_μ und $b_{\mu\nu}$ alle reell sind außer a_4, b_{41}, b_{42}, b_{43}, b_{14}, b_{24}, b_{34}, welch letztere rein imaginär sind.

Spezielle LORENTZ-Transformation. Die einfachsten Transformationen vom Typus (24), (25) erhält man, wenn man verlangt, daß nur zwei Koordinaten transformiert werden sollen, und daß die nur die Wahl des neuen Anfangspunktes bestimmenden a_μ verschwinden. Man erhält dann für die Indizes 1, 2 wegen der drei unabhängige Bedingungen liefernden Relationen (25)

$$\left.\begin{aligned} x_1' &= x_1 \cos\varphi - x_2 \sin\varphi \\ x_2' &= x_1 \sin\varphi + x_2 \cos\varphi \\ x_3' &= x_3,\ x_4' = x_4 \end{aligned}\right\} \qquad (26)$$

Dies ist einfach eine räumliche Drehung des (räumlichen) Koordinatensystems um die x_3-Achse. Man sieht überhaupt, daß die früher studierten räumlichen Drehungstransformationen (ohne Zeittransformation) in den LORENTZ-Transformationen als spezieller Fall enthalten sind. Für die Indizes 1, 4 erhält man aber analog

$$\left.\begin{aligned} x_1' &= x_1 \cos\psi - x_4 \sin\psi \\ x_4' &= x_1 \sin\psi + x_4 \cos\psi \\ x_2' &= x_2 \\ x_3' &= x_3 \end{aligned}\right\} \qquad (26\,\mathrm{a})$$

Dabei ist aber ψ der erwähnten Realitätsverhältnisse halber imaginär zu wählen. Zur physikalischen Interpretation führen wir die reelle Lichtzeit l und die Geschwindigkeit v von K' gegen K statt des imaginären Winkels ψ ein. Zunächst ist

$$x_1' = x_1 \cos\psi - i\, l \sin\psi$$

$$l' = -\, i\, x_1 \sin\psi + l \cos\psi\,.$$

Da für den Anfangspunkt von K', d. h. für $x_1' = 0$, $x_1 = v\,l$ sein muß, so folgt aus der ersten dieser Gleichungen

$$v = i \operatorname{tg} \psi \tag{27}$$

also auch

$$\left.\begin{aligned} \sin\psi &= \frac{-i\,v}{\sqrt{1-v^2}} \\ \cos\psi &= \frac{1}{\sqrt{1-v^2}} \end{aligned}\right\} \tag{28}$$

so daß wir erhalten

$$\left.\begin{aligned} x_1' &= \frac{x_1 - v\,l}{\sqrt{1-v^2}} \\ l' &= \frac{l - v\,x_1}{\sqrt{1-v^2}} \\ x_2' &= x_2 \\ x_3' &= x_3 \end{aligned}\right\} \tag{29}$$

Dies ist die wohlbekannte spezielle LORENTZ-Transformation, welche sich im Rahmen der allgemeinen Theorie also als eine Drehung des vierdimensionalen Koordinatensystems um einen imaginären Winkel darstellt. Will man statt der „Lichtzeit" l die gewöhnliche Zeit t einführen, so hat man in (29), statt l bzw. v, $c\,t$ bzw. $\frac{v}{c}$ einzuführen.

Wir haben nun eine Lücke auszufüllen. Aus dem Prinzip der Konstanz der Lichtgeschwindigkeit folgt, daß die Gleichung

$$\sum \Delta x_\nu^2 = 0$$

eine von der Wahl des Inertialsystems unabhängige Bedeutung haben muß, aber es folgt daraus noch nicht die Invarianz der Größe $\sum \Delta x_\nu^2$. Es könnte sich diese Größe ja auch mit einem Faktor transformieren. Dies kommt darauf hinaus, daß die rechten Seiten von (29) noch mit einem (etwa von v abhängigen) Faktor λ multipliziert sein könnten. Das Relativitätsprinzip erlaubt aber nicht, daß dieser Faktor von 1 verschieden sei, wie wir jetzt zeigen wollen. Wir denken uns einen festen Kreiszylinder, der in Richtung seiner Achse bewegt sei. Ist sein Radius im Zustand der Ruhe, mit dem Einheitsmaßstab gemessen, gleich R_0, so könnte sein Radius R im bewegten Zustande von R_0 abweichen, da die Relativitätstheorie die Voraussetzung nicht einführt, daß die Gestalt der Körper in bezug auf einen Bezugsraum unabhängig sei von ihrer Bewegung gegen diesen Bezugsraum. Aber die Richtungen des Raumes müssen einander gleichwertig sein. R kann daher wohl vom Betrage q der Geschwindigkeit, aber nicht von der Bewegungsrichtung abhängen; R muß also jedenfalls eine gerade Funktion von q sein. Ruht der Zylinder relativ zu K', so ist

$$x'^2 + y'^2 = R_0^2$$

die Gleichung seiner Mantelfläche. Schreibt man die letzten beiden Gleichungen von (29) allgemeiner

$$x_2' = \lambda\, x_2$$
$$x_3' = \lambda\, x_3$$

so genügt die Mantelfläche in bezug auf K der Gleichung

$$x^2 + y^2 = \frac{R_0^2}{\lambda^2}\,.$$

Der Faktor λ mißt also die seitliche Kontraktion des Zylinders und kann deshalb nach dem Obigen nur eine gerade Funktion von v sein.

Führt man ein drittes Koordinatensystem K'' ein, welches sich relativ zu K' mit der Geschwindigkeit v in Richtung der negativen x-Achse von K' bewegt, so erhält man durch zweimalige Anwendung von (29)

$$x_1'' = \lambda(v)\,\lambda(-v)\,x_1$$
$$\cdots\cdots\cdots\cdots$$
$$\cdots\cdots\cdots\cdots$$
$$l'' = \lambda(v)\,\lambda(-v)\,l\,.$$

Da nun $\lambda(v) = \lambda(-v)$ sein soll, und wir festsetzen wollen, daß in allen Systemen gleiche Maßstäbe verwendet werden sollen, so muß die Transformation von K'' auf K die identische Transformation sein (da wir die Möglichkeit $\lambda = -1$ nicht zu berücksichtigen brauchen). Die Unabhängigkeit des Verhaltens der Maßstäbe von ihrer Bewegungsvorgeschichte ist bei dieser Betrachtung wesentlich.

Bewegte Maßstäbe und Uhren. Die Lage der ganzzahligen Punkte $x_1' = n$ zu der bestimmten K-Zeit $l = 0$ ist in bezug auf K durch die aus der ersten der Gleichungen (29) folgende Gleichung $x_1 = n\sqrt{1 - v^2}$ gegeben (Lorentz-Verkürzung). Eine im Anfangspunkt von K ruhende Uhr, deren Schläge durch $l = n$ charakterisiert sind, geht — von K' aus beurteilt — gemäß der zweiten der Gleichungen (29) in dem Tempo

$$l' = \frac{n}{\sqrt{1 - v^2}},$$

also langsamer, als dieselbe Uhr, wenn sie in bezug auf K' ruht. Diese beiden Konsequenzen, welche für jedes Bezugssystem mutatis mutandis gelten, bilden den von Konventionen freien physikalischen Inhalt der Lorentz-Transformation.

Additionstheorem der Geschwindigkeiten. Setzt man zwei spezielle Lorentz-Transformationen mit den Relativgeschwindigkeiten v_1 und v_2 zusammen, so ist die Geschwindigkeit v_{12} der sie zusammen ersetzenden Lorentz-Transformation nach (27) durch die Gleichung

$$v_{12} = i \operatorname{tg}(\psi_1 + \psi_2) = i \frac{\operatorname{tg}\psi_1 + \operatorname{tg}\psi_2}{1 - \operatorname{tg}\psi_1 \operatorname{tg}\psi_2} = \frac{v_1 + v_2}{1 + v_1 v_2} \quad (30)$$

gegeben.

Allgemeines über die Lorentz-Transformation und ihre Invariantentheorie. Auf der Invariante s^2 (23) beruht die ganze Invariantentheorie der speziellen Relativitätstheorie. Sie spielt für das vierdimensionale Raum-Zeit-Kontinuum formal die gleiche

Rolle wie die Invariante $\Delta x_1^2 + \Delta x_2^2 + \Delta x_3^2$ in der euklidischen Geometrie bzw. in der vorrelativistischen Physik. Letztere Größe ist gegenüber der Gesamtheit der LORENTZ-Transformationen keine Invariante; die Größe s^2 der Gleichung (23) übernimmt die Rolle dieser Invariante. s^2 ist durch Messung in bezug auf ein beliebiges Inertialsystem bestimmbar, bei gegebenem Einheitsmaßstab eine völlig bestimmte Größe, die einem beliebigen Paar von Ereignissen zugeordnet ist.

Die Invariante s^2 unterscheidet sich, abgesehen von der Dimensionszahl, von der entsprechenden Invariante der euklidischen Geometrie in folgendem Punkte. In der euklidischen Geometrie ist s^2 notwendig positiv; es verschwindet nur, wenn die betreffenden Raumpunkte zusammenfallen. Dagegen kann aus dem Verschwinden von $s^2 = \sum \Delta x_\nu^2 = \Delta x_1^2 + \Delta x_2^2 + \Delta x_3^2 - \Delta l^2$ nicht geschlossen werden, daß die beiden Raum-Zeit-Punkte zusammenfallen; das Verschwinden dieser Größe s^2 ist vielmehr die invariante Bedingung dafür, daß die beiden Raum-Zeit-Punkte durch ein Vakuumlichtsignal verbunden werden können. Ist P ein Punkt (Ereignis), dargestellt im vierdimensionalen Raume durch x_1, x_2, x_3, l, so liegt die Gesamtheit der mit P durch Lichtsignal verbindbaren „Punkte“ P' auf dem Kegel $s^2 = 0$ (vgl. Fig. 1, in welcher die Dimension x_3 unterdrückt

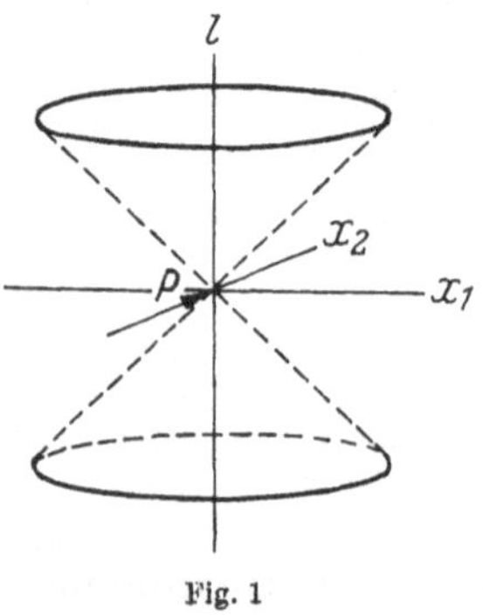

Fig. 1

ist). Die „obere“ Kegelhälfte möge die „Punkte“ enthalten, nach denen von P aus Lichtsignale gesendet werden können (Nachkegel), die untere Kegelhälfte diejenigen „Punkte“, von denen aus Lichtsignale nach P gesandt werden können (Vorkegel). Die von der Kegelfläche umschlossenen Punkte P' liefern mit P ein negatives s^2; man nennt dann $P\,P'$ bzw. $P'\,P$ nach MINKOWSKI zeitartig. Solche Strecken stellen Stücke von möglichen Bewegungsbahnen dar [Unterlichtgeschwindigkeiten[1])]. In diesem Falle kann die l-Achse in die Richtung $P\,P'$ gelegt werden durch passende Wahl des Bewegungszustandes des Inertialsystems. Liegt P' außerhalb des „Lichtkegels“, so nennt man $P\,P'$ raumartig; in diesem Falle kann durch passende Wahl des Inertialsystems Δl zum Verschwinden gebracht werden.

Durch die Einführung der imaginären Zeitvariable $x_4 = i\,l$ hat MINKOWSKI die Invariantentheorie des vierdimensionalen Kontinuums des physikalischen Geschehens der des dreidimensionalen Kontinuums des euklidischen Raumes völlig analog gemacht. Die vierdimensionale Tensorentheorie der speziellen Relativitätstheorie unterscheidet sich also von der des dreidimensionalen Raumes nur durch die Dimensionszahl und die Relativitätsverhältnisse.

Eine physikalische Wesenheit, welche in bezug auf ein beliebiges Inertialsystem der x_1, x_2, x_3, x_4 durch vier Größen A_ν beschrieben wird, heißt ein „Vierervektor“ mit den Komponenten A_ν, wenn die A_ν in ihren Realitätsverhältnissen und Transformationseigenschaften den Δx_ν entsprechen; er kann „raumartig“ oder „zeitartig“ sein. Die 16 Größen $A_{\mu\nu}$ bilden dann die Komponenten eines Tensors zweiten Ranges, wenn sie sich transfor-

---

[1]) Daß Körpergeschwindigkeiten, die die Lichtgeschwindigkeit übertreffen, nicht möglich sind, folgt schon aus dem Auftreten der Wurzel $\sqrt{1 - v^2}$ in der speziellen LORENTZ-Transformation (29).

mieren nach dem Schema

$$A'_{\mu\nu} = b_{\mu\alpha} b_{\nu\beta} A_{\alpha\beta} .$$

Es folgt daraus, daß sich die $A_{\mu\nu}$ bezüglich ihrer Transformationseigenschaften und Realitätseigenschaften so verhalten, wie die Komponentenprodukte $U_\mu V_\nu$ zweier Vierervektoren (U) und (V). Es sind also alle Komponenten reell bis auf diejenigen, welche den Index 4 *einmal* enthalten, in welch letzterem Falle sie rein imaginär sind. Analog lassen sich Tensoren dritten und höheren Ranges definieren. Die Operationen Addition, Subtraktion, Multiplikation, Verjüngung und Differentiation von Tensoren sind denen der Tensoren im dreidimensionalen Raume völlig analog.

Bevor wir die Tensorentheorie in dem vierdimensionalen Raum-Zeit-Kontinuum anwenden, wollen wir noch besonders die antisymmetrischen Tensoren ins Auge fassen. Der Tensor zweiten Ranges hat im allgemeinen $16 = 4 \cdot 4$ Komponenten. Im Falle der Antisymmetrie verschwinden die Komponenten mit zwei gleichen Indizes und die Komponenten mit ungleichen Indizes sind einander paarweise entgegengesetzt gleich. Es existieren also nur sechs voneinander unabhängige Komponenten, wie dies bei dem elektromagnetischen Felde der Fall ist. In der Tat wird sich bei Betrachtung der MAXWELLschen Gleichungen zeigen, daß diese sich als Tensorgleichungen deuten lassen, falls man das elektromagnetische Feld als antisymmetrischen Tensor auffaßt. Ferner ist klar, daß der antisymmetrische Tensor dritten Ranges (antisymmetrisch in allen Indexpaaren) nur vier voneinander unabhängige Komponenten besitzt, da es nur vier Kombinationen dreier verschiedener Indizes gibt.

Nun wenden wir uns zu den MAXWELLschen Gleichungen (19a), (19b), (20a), (20b) und führen für das elektromagnetische Feld und die Stromdichte die Bezeichnungen ein[1]):

$$\left.\begin{matrix} \varphi_{23} & \varphi_{31} & \varphi_{12} & \varphi_{14} & \varphi_{24} & \varphi_{34} \\ \mathfrak{h}_x & \mathfrak{h}_y & \mathfrak{h}_z & -\mathfrak{j}\,\mathfrak{e}_x & -\mathfrak{j}\,\mathfrak{e}_y & -\mathfrak{j}\,\mathfrak{e}_z \end{matrix}\right\} \tag{30a}$$

$$\left.\begin{matrix} J_1 & J_2 & J_3 & J_4 \\ \frac{1}{c}\mathfrak{i}_x & \frac{1}{c}\mathfrak{i}_y & \frac{1}{c}\mathfrak{i}_z & \mathfrak{j}\varrho \end{matrix}\right\} \tag{31}$$

mit der Bestimmung, daß $\varphi_{\mu\nu} = -\varphi_{\nu\mu}$ sein soll ($\mathfrak{j} = \sqrt{-1}$). Dann lassen sich jene Systeme in die Formen zusammenfassen

$$\frac{\partial \varphi_{\mu\nu}}{\partial x_\nu} = J_\mu \tag{32}$$

$$\frac{\partial \varphi_{\mu\nu}}{\partial x_\sigma} + \frac{\partial \varphi_{\nu\sigma}}{\partial x_\mu} + \frac{\partial \varphi_{\sigma\mu}}{\partial x_\nu} = 0 \tag{33}$$

wie man sich durch Einsetzen gemäß (30a) und (31) leicht überzeugt. Die Gleichungen (32) und (33) haben Tensorcharakter, sind also kovariant bezüglich LORENTZ-Transformationen, wenn die $\varphi_{\mu\nu}$ und die J_μ Tensorcharakter haben, was wir voraussetzen. Damit sind die Transformationsgesetze dieser Größen für den Übergang von einem berechtigten (zu einem Inertialsystem gehörigen) Koordinatensystem zu einem anderen eindeutig festgelegt. Der methodische Fortschritt, den die Elektrodynamik der speziellen Relativitätstheorie verdankt, liegt in erster Linie darin, daß sie die Zahl der unabhängigen Hypothesen verringert. Betrachtet man beispielsweise die Gleichungen (19a), und betrachtet man diese — wie es oben geschehen ist — nur vom Standpunkt der bloßen Richtungsrelativität, so besitzen sie drei logisch voneinander ganz unabhängige Glieder.

---

[1]) Um Verwechslungen zu verhüten, sollen von nun an als dreidimensional-räumliche Indizes x, y, z statt 1 2 3 gewählt werden, indem wir die Zahlenindizes 1 2 3 4 für das vierdimensionale Raum-Zeit-Kontinuum reservieren.

Die Art, wie die elektrische Feldstärke in diese Gleichungen eingeht, scheint ganz unabhängig von der Art, wie die magnetische Feldstärke in dieselben eingeht; man dürfte sich nicht wundern, wenn statt $\frac{\partial \mathfrak{e}_\mu}{\partial l}$ etwa $\frac{\partial^2 \mathfrak{e}_\mu}{\partial l^2}$ dastünde, oder wenn dieses Glied ganz fehlte. In Gleichung (**32**) erscheinen dagegen nur zwei voneinander unabhängige Glieder. Das elektromagnetische Feld erscheint als formale Einheit; die Art, wie das elektrische Feld in die Gleichungen eingeht, ist durch die Art, wie das magnetische Feld eingeht, mitbestimmt. Nur die elektrische Stromdichte erscheint noch als selbständige Wesenheit neben dem elektromagnetischen Felde. Dieser methodische Fortschritt beruht darauf, daß das elektrische und magnetische Feld ihre Sonderexistenz durch die Bewegungsrelativität einbüßen. Was, von einem System aus beurteilt, ein rein magnetisches Feld ist, hat, von einem anderen Inertialsystem aus beurteilt, auch elektrische Feldkomponenten. Das allgemeine Transformationsgesetz liefert in Anwendung auf das elektromagnetische Feld für den Fall der speziellen LORENTZ-Transformation die Gleichungen

$$\left.\begin{array}{ll} \mathfrak{e}_x' = \mathfrak{e}_x & \mathfrak{h}_x' = \mathfrak{h}_x \\ \mathfrak{e}_y' = \dfrac{\mathfrak{e}_y - v\,\mathfrak{h}_z}{\sqrt{1-v^2}} & \mathfrak{h}_y' = \dfrac{\mathfrak{h}_y + v\,\mathfrak{e}_z}{\sqrt{1-v^2}} \\ \mathfrak{e}_z' = \dfrac{\mathfrak{e}_z + v\,\mathfrak{h}_y}{\sqrt{1-v^2}} & \mathfrak{h}_z' = \dfrac{\mathfrak{h}_z - v\,\mathfrak{e}_y}{\sqrt{1-v^2}} \end{array}\right\} \qquad (34)$$

Existiert in bezug auf K nur ein magnetisches Feld $\mathfrak{h}$, aber kein elektrisches $\mathfrak{e}$, so existiert in bezug auf K' gleichwohl ein elektrisches Feld $\mathfrak{e}'$, welches auf eine relativ zu K' ruhende elektrische Masse wirkt. Ein in bezug auf K ruhender Beobachter wird diese Kraft als BIOT-SAVARTsche bzw. LORENTZsche elektromotorische Kraft deuten. Es erscheint also auch diese elektromotorische Kraft mit der reinen Feldwirkung zu einer Wesenseinheit verschmolzen.

Um diese Beziehung formal zu erfassen, betrachten wir den Ausdruck der pro Volumeneinheit auf die Elektrizität wirkenden Kraft

$$\mathfrak{k} = \varrho\,\mathfrak{e} + [\mathfrak{i}, \mathfrak{h}] \tag{35}$$

wobei $\mathfrak{i}$ der Geschwindigkeitsvektor der Elektrizität (mit der Lichtgeschwindigkeit als Einheit) ist. Führt man J_μ und $\varphi_{\mu\nu}$ gemäß (30a) und (31) ein, so erhält man als erste Komponente den Ausdruck:

$$\varphi_{12}\,J_2 + \varphi_{13}\,J_3 + \varphi_{14}\,J_4\,.$$

Mit Rücksicht darauf, daß φ_{11} wegen der Antisymmetrie des Tensors (φ) verschwindet, sind die Komponenten von $\mathfrak{k}$ durch die ersten drei Komponenten des vierdimensionalen Vektors

$$K_\mu = \varphi_{\mu\nu}\,J_\nu \tag{36}$$

gegeben, dessen vierte Komponente gegeben ist durch

$$\begin{aligned} K_4 &= \varphi_{41}\,J_1 + \varphi_{42}\,J_2 + \varphi_{43}\,J_3 \\ &= \mathfrak{j}\,(\mathfrak{e}_x\,\mathfrak{i}_x + \mathfrak{e}_y\,\mathfrak{i}_y + \mathfrak{e}_z\,\mathfrak{i}_z) = \mathfrak{j}\,\lambda\,. \end{aligned} \tag{37}$$

Es gibt also einen vierdimensionalen Vektor der Kraftdichte, dessen erste drei Komponenten die Komponenten $\mathfrak{k}_1$, $\mathfrak{k}_2$, $\mathfrak{k}_3$ der ponderomotorischen Kraftdichte sind, dessen vierte Komponente gleich der mit $\sqrt{-1}$ multiplizierten Leistungsdichte λ (Energieabgabe des Feldes pro Volum- und Zeiteinheit) ist.

Ein Vergleich von (36) und (35) zeigt, daß die Relativitätstheorie eine formale Vereinigung der ponderomotorischen Kraft des elektrischen Feldes $\varrho\,\mathfrak{e}$ und der Biot-Savartschen bzw. Lorentzschen Kraft $[\mathfrak{i}, \mathfrak{h}]$ leistet.

Masse und Energie. Aus der Existenz und Bedeutung des Vierervektors (K_μ) läßt sich ein eminent wichtiger Schluß ziehen. Wir denken uns einen Körper, auf den ein elektromagnetisches Feld eine Zeitlang einwirkt. In der schematischen Figur bedeutet $O\,x_1$ die x_1-Achse und zugleich einen Ersatz für die drei räumlichen Achsen $O\,x_1$, $O\,x_2$, $O\,x_3$; $O\,l$ bedeutet die (reelle) Zeitachse. In dieser Figur haben wir einen endlich ausgedehnten Körper zu einer bestimmten Zeit l durch eine Strecke AB darzustellen, die ganze raumzeitliche

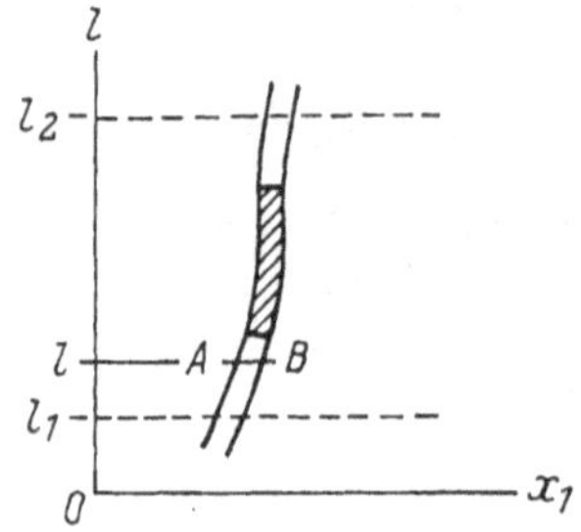

Fig. 2

Existenz des Körpers durch einen Flächenstreifen, dessen Begrenzungen gegenüber der l-Achse überall um weniger als 45° geneigt ist. Zwischen den Zeitschnitten $l = l_1$ und $l = l_2$, aber nicht bis zu diesen reichend, ist ein Stück des Streifens schraffiert gezeichnet. Es deutet das raumzeitliche Gebiet an, in welchem das elektromagnetische Feld auf den Körper einwirkt bzw. auf seine elektrischen Ladungen, welche die Wirkungen auf ihn übertragen. Wir richten unser Augenmerk auf die Änderungen, welche Impuls und Energie des Körpers bei dieser Gelegenheit erleiden.

Wir nehmen an, daß der Impulssatz und der Energiesatz für den Körper gelten. Impulsänderung bzw. Energieänderung des Körpers, ΔI_x, ΔI_y, ΔI_z, ΔE des

Körpers sind dann durch die Ausdrücke gegeben:

$$\Delta I_x = \int_{l_1}^{l_2} dl \int \mathfrak{k}_x \, dx \, dy \, dz = \frac{1}{\mathfrak{j}} \int K_1 \, dx_1 \, dx_2 \, dx_3 \, dx_4$$

. . . .

. . . .

$$\Delta E = \int_{l_1}^{l_2} dl \int \lambda \, dx \, dy \, dz = \frac{1}{\mathfrak{j}} \int \frac{1}{\mathfrak{j}} K_4 \, dx_1 \, dx_2 \, dx_3 \, dx_4 \, .$$

Da das vierdimensionale Volumelement eine Invariante ist, (K_1, K_2, K_3, K_4) einen Vierervektor bilden, so transformieren sich die über das schraffierte Gebiet erstreckten vierdimensionalen Integrale wie Vierervektoren, ebenso die zwischen l_1 und l_2 erstreckten Integrale, weil die nicht schraffierten Teile des Streifens zu den Integralen keine Beiträge liefern. Es folgt daraus, daß ΔI_x, ΔI_y, ΔI_z, $\mathfrak{j}\,\Delta E$ ebenfalls einen Vierervektor bilden. Da nun die Größen selbst den gleichen Transformationscharakter haben werden wie ihre Zuwüchse, so wird der Inbegriff der vier Größen

$$I_x, \quad I_y, \quad I_z, \quad \mathfrak{j}\,E$$

selbst Vektorcharakter besitzen, welche Größen sich auf einen Momentanzustand des Körpers (z. B. zur Zeit $l = l_1$) beziehen.

Dieser Vierervektor wird sich aber auch durch die Masse m und durch die Geschwindigkeit des Körpers (letzteren als materiellen Punkt betrachtet) ausdrücken lassen. Um diesen Ausdruck bilden zu können, bemerken wir zunächst, daß

$$-\,ds^2 = d\tau^2 = -\,(dx_1^2 + dx_2^2 + dx_3^2) - dx_4^2 = dl^2\,(1 - q^2) \tag{38}$$

eine Invariante ist, die sich auf ein unendlich kurzes Stück der vierdimensionalen Linie bezieht, welche die Bewegung des materiellen Punktes darstellt. Die physikalische Bedeutung der Invariante $d\tau$ ist leicht anzugeben. Wählt man nämlich die Zeitachse so, daß sie in die Richtung des betrachteten Liniendifferentials fällt, oder — wie man dies auch ausdrückt — transformiert man den materiellen Punkt auf Ruhe, dann wird $d\tau = dl$; $d\tau$ wird also durch eine relativ zu dem materiellen Punkt ruhende, mit ihm zusammenfallende (Licht-) Sekundenuhr gemessen. Man nennt deshalb τ die Eigenzeit des materiellen Punktes. $d\tau$ ist also im Gegensatz zu dl eine Invariante und ist für Bewegungen, deren Geschwindigkeit klein ist gegen die Lichtgeschwindigkeit, mit dl praktisch gleichwertig. Man sieht also, daß

$$u_\sigma = \frac{dx_\sigma}{d\tau} \tag{39}$$

wie die dx_ν selbst Vektorcharakter haben; wir bezeichnen (u_σ) als den vierdimensionalen Vektor (kurz „Vierervektor") der Geschwindigkeit. Seine Komponenten erfüllen nach (38) die Bedingung

$$\sum u_\sigma^2 = -1 \,. \tag{40}$$

Man sieht, daß dieser Vierervektor, dessen Komponenten in gewöhnlicher Schreibweise

$$\frac{\mathfrak{q}_x}{\sqrt{1-q^2}}\,, \quad \frac{\mathfrak{q}_y}{\sqrt{1-q^2}}\,, \quad \frac{\mathfrak{q}_z}{\sqrt{1-q^2}}\,, \quad \frac{i}{\sqrt{1-q^2}} \tag{41}$$

sind, der einzige Vierervektor ist, welcher aus den (dreidimensional definierten) Geschwindigkeitskomponenten $\mathfrak{q}_x = \frac{dx}{dl}$, $\mathfrak{q}_y = \frac{dy}{dl}$, $\mathfrak{q}_z = \frac{dz}{dl}$ des materiellen Punktes gebildet werden kann. Man ersieht daraus, daß

$$\left(m\,\frac{dx_\mu}{d\tau}\right) \tag{42}$$

jener Vierervektor sein muß, der für den materiellen Punkt dem Vierervektor von Impuls und Energie gleichzusetzen ist, dessen Existenz wir oben erwiesen haben. Durch Gleichsetzung der Komponenten erhalten wir in dreidimensionaler Schreibweise

$$\left.\begin{array}{l} I_x = \dfrac{m\, q_x}{\sqrt{1-q^2}} \\ \cdot\ \cdot\ \cdot\ \cdot\ \cdot\ \cdot\ \cdot\ \cdot\ \cdot \\ \cdot\ \cdot\ \cdot\ \cdot\ \cdot\ \cdot\ \cdot\ \cdot\ \cdot \\ E = \dfrac{m}{\sqrt{1-q^2}} \end{array}\right\} \qquad (43)$$

Man erkennt in der Tat, daß die Impulskomponenten bei (gegen die Lichtgeschwindigkeit) kleinen Werten der Geschwindigkeit mit denen der klassischen Mechanik übereinstimmen. Bei großen Geschwindigkeiten aber wächst der Impuls rascher als linear mit der Geschwindigkeit an, um bei Annäherung an die Lichtgeschwindigkeit unendlich zu werden.

Wendet man ferner die letzte der Gleichungen (43) auf einen ruhenden Massenpunkt an ($q = 0$), so sieht man, *daß die Energie E_0 eines ruhenden Körpers seiner Masse gleich ist.* Bei Wahl der Sekunde als Zeiteinheit würde sich

$$E_0 = m\, c^2 \qquad (44)$$

ergeben haben. Masse und Energie sind also wesensgleich, d. h. nur verschiedene Äußerungsformen derselben Sache. Die Masse eines Körpers ist keine Konstante, sondern mit dessen Energieänderungen veränderlich[1]). Aus der letzten der Gleichungen (43) sieht man, daß E unendlich wird, wenn sich q der Lichtgeschwindigkeit 1 nähert. Durch Entwicklung von E nach Po-

[1]) Die Nicht-Ganzzahligkeit der Atomgewichte hängt also offenbar mit den Energieerzeugungen der radioaktiven Prozesse zusammen. Es ist bereits versucht worden, aus dieser Relation Schlüsse zu ziehen über den Bau bzw. die Stabilität der Atomkerne. Siehe auch Anmerkung auf S. 131.

tenzen von q^2 erhält man

$$E = m + \frac{m}{2} q^2 + \frac{3}{8} m q^4 . \tag{45}$$

Das zweite Glied dieser Entwicklung entspricht der kinetischen Energie des materiellen Punktes in der klassischen Mechanik.

Bewegungsgleichung des materiellen Punktes. Aus (43) erhält man durch Differentiation nach der Zeit l vermöge des Impulssatzes das Bewegungsgesetz des materiellen Punktes in dreidimensionaler vektorieller Schreibweise:

$$\mathfrak{K} = \frac{d}{dl}\left(\frac{m\,\mathfrak{q}}{\sqrt{1-q^2}}\right). \tag{46}$$

Diese für das quasi-stationär bewegte Elektron schon von H. A. LORENTZ aufgestellte Bewegungsgleichung ist durch Untersuchungen an β-Strahlen mit großer Genauigkeit geprüft worden[1]).

Energietensor des elektromagnetischen Feldes. Es ist vor der Relativitätstheorie bekannt gewesen, daß der Energie- und Impulssatz für das elektromagnetische Feld in differentieller Form geschrieben werden kann. Die vierdimensionale Formulierung dieser Sätze führt uns zu einem für die Weiterentwicklung der Relativitätstheorie wichtigen Begriff, nämlich zu dem des Energietensors.

Geht man vom Vierervektor der Kraftdichte

$$K_\mu = \varphi_{\mu\nu} J_\nu$$

und ersetzt J_ν vermöge der Feldgleichungen (32) durch die Feldstärken $\varphi_{\mu\nu}$, so erhält man nach einigen Umformungen und wiederholter Anwendung der Feld-

[1]) P. LANGEVIN hat eine Ableitung der relativistischen mechanischen Gleichungen gegeben, die sich nicht auf die Elektrodynamik stützt, sondern ausschließlich auf die Kinematik der speziellen Relativitätstheorie und den Energiesatz.

gleichungen (32) und (33) die Darstellung

$$K_\mu = -\frac{\partial T_{\mu\nu}}{\partial x_\nu}, \tag{47}$$

wobei

$$T_{\mu\nu} = -\frac{1}{4}\varphi_{\alpha\beta}^2\,\delta_{\mu\nu} + \varphi_{\mu\alpha}\,\varphi_{\nu\alpha} \tag{48}$$

gesetzt ist[1]). Die physikalische Bedeutung wird klar, indem man statt (47) mit Einführung neuer Bezeichnungen schreibt

$$\left.\begin{array}{l} \mathfrak{k}_x = -\dfrac{\partial p_{xx}}{\partial x} - \dfrac{\partial p_{xy}}{\partial y} - \dfrac{\partial p_{xz}}{\partial z} - \dfrac{\partial(\mathfrak{j}\,b_x)}{\partial(\mathfrak{j}\,l)} \\ \cdots\cdots\cdots\cdots\cdots\cdots \\ \cdots\cdots\cdots\cdots\cdots\cdots \\ \mathfrak{j}\,\lambda = -\dfrac{\partial(\mathfrak{j}\,\mathfrak{f}_x)}{\partial x} - \dfrac{\partial(\mathfrak{j}\,\mathfrak{f}_y)}{\partial y} - \dfrac{\partial(\mathfrak{j}\,\mathfrak{f}_z)}{\partial z} - \dfrac{\partial(-\eta)}{\partial(\mathfrak{j}\,l)} \end{array}\right\} \tag{47a}$$

oder nach Beseitigung des Imaginären

$$\left.\begin{array}{l} \mathfrak{k}_x = -\dfrac{\partial p_{xx}}{\partial x} - \dfrac{\partial p_{xy}}{\partial y} - \dfrac{\partial p_{xz}}{\partial z} - \dfrac{\partial b_x}{\partial l} \\ \cdots\cdots\cdots\cdots\cdots\cdots \\ \cdots\cdots\cdots\cdots\cdots\cdots \\ \lambda = -\dfrac{\partial \mathfrak{f}_x}{\partial x} - \dfrac{\partial \mathfrak{f}_y}{\partial y} - \dfrac{\partial \mathfrak{f}_z}{\partial z} - \dfrac{\partial \eta}{\partial l} \end{array}\right\} \tag{47b}$$

Aus dieser letzteren Darstellungsweise sieht man, daß die ersten drei dieser Gleichungen die Bedeutung des Impulssatzes haben, wobei $p_{xx} \ldots p_{zz}$ die MAXWELLschen Druckkräfte des elektromagnetischen Feldes, (b_x, b_y, b_z) den Vektor der Impulsdichte des Feldes bedeuten. Die letzte der Gleichungen (47b) drückt den Energiesatz aus, indem $\mathfrak{f}$ den Vektor des Energiestromes, η die Energiedichte des Feldes bedeutet. In

[1]) Über die Indizes α und β ist zu summieren.

der Tat erhält man aus (48) durch Einführen der reellen Feldkomponenten die aus der Elektrodynamik wohlbekannten Ausdrücke:

$$\left.\begin{array}{l}
p_{xx} = -\mathfrak{h}_x \mathfrak{h}_x + \frac{1}{2}(\mathfrak{h}_x^2 + \mathfrak{h}_y^2 + \mathfrak{h}_z^2) \\
\qquad - \mathfrak{e}_x \mathfrak{e}_x + \frac{1}{2}(\mathfrak{e}_x^2 + \mathfrak{e}_y^2 + \mathfrak{e}_z^2) \\
p_{xy} = -\mathfrak{h}_x \mathfrak{h}_y \qquad p_{xz} = -\mathfrak{h}_x \mathfrak{h}_z \\
\qquad - \mathfrak{e}_x \mathfrak{e}_y \qquad\qquad - \mathfrak{e}_x \mathfrak{e}_z \\
\cdots\cdots\cdots\cdots\cdots\cdots \\
\cdots\cdots\cdots\cdots\cdots\cdots \\
b_x = \mathfrak{f}_x = \mathfrak{e}_y \mathfrak{h}_z - \mathfrak{e}_z \mathfrak{h}_y \\
\cdots\cdots\cdots\cdots \\
\cdots\cdots\cdots\cdots \\
\eta = +\frac{1}{2}(\mathfrak{e}_x^2 + \mathfrak{e}_y^2 + \mathfrak{e}_z^2 + \mathfrak{h}_x^2 + \mathfrak{h}_y^2 + \mathfrak{h}_z^2)
\end{array}\right\} \quad (48a)$$

Wir konstatieren aus (48), daß der Energietensor des elektromagnetischen Feldes symmetrisch ist; damit hängt es auch zusammen, daß Impulsdichte und Energiestrom miteinander übereinstimmen (Beziehung zwischen Energie und Trägheit).

Das Resultat, daß die Energiedichte Tensorcharakter hat, ist zunächst nur für das elektromagnetische Feld direkt bewiesen, wird aber wohl allgemeine Gültigkeit beanspruchen dürfen. Die MAXWELLschen Gleichungen bestimmen das elektromagnetische Feld, wenn die Verteilung der elektrischen Ladungen und Ströme bekannt ist. Die Gesetze aber, nach denen sich Ströme und Ladungen verhalten, sind uns nicht bekannt. Wir wissen wohl, daß die Elektrizitäten in Elementarkörperchen (Elektronen, positiven Kernen) bestehen, aber wir begreifen es nicht vom theoretischen Standpunkte aus. Wir kennen die energetischen Faktoren nicht, welche die Anordnung der Elektrizität in Körperchen von bestimmter Größe und Ladung bewirken, und alle Versuche, die Theorie nach dieser Seite hin zu vervollständigen, sind bisher gescheitert. Wir kennen daher, falls wir überhaupt die MAXWELLschen Gleichungen zugrunde legen dürfen, den Energietensor für die elektromagnetischen Felder nur außerhalb der Elementarteilchen[1]). An diesen Stellen, den einzigen, wo wir einen vollständigen Ausdruck für den Energietensor aufgestellt zu haben glauben können, gilt nach (47)

$$\frac{\partial T_{\mu\nu}}{\partial x_\nu} = 0 . \tag{47c}$$

Allgemeiner Ausdruck der Erhaltungssätze. Es ist die Annahme kaum von der Hand zu weisen, daß auch in allen anderen Fällen die räumliche Verteilung der Energie durch einen symmetrischen Tensor $T_{\mu\nu}$ gegeben ist, und daß dieser *vollständige* Energietensor überall die Relation (47c) erfüllt. Jedenfalls werden wir durch diese Annahme dem integralen Energiesatze gerecht, wie wir sogleich zeigen wollen.

Wir betrachten ein räumlich begrenztes, abgeschlossenes System, das wir vierdimensional wieder durch einen Streifen dargestellt denken können, außerhalb dessen die $T_{\mu\nu}$ verschwinden. Wir integrieren die Gleichung (47) über einen räumlichen Schnitt (Fig. 3).

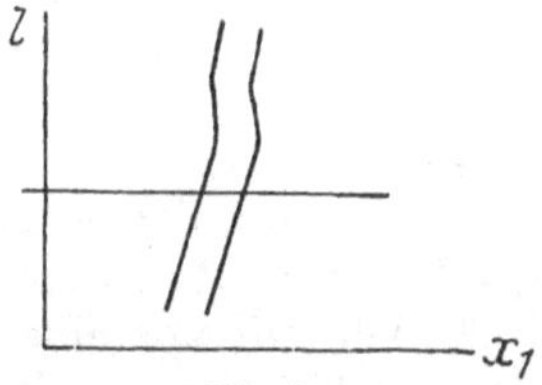

Fig. 3

[1]) Man hat zwar diesem Mangel dadurch abzuhelfen gesucht, daß man die elektrischen Elementarteilchen als echte Singularitäten auffaßte. Dies bedeutet aber nach meiner Ansicht den Verzicht auf ein wirkliches Verständnis vom Bau der Materie. Viel besser scheint es mir, unser momentanes Unvermögen zuzugeben, als sich mit einer Scheinlösung zufrieden zu geben.

Da die Integrale über $\frac{\partial T_{\mu 1}}{\partial x_1}$ $\left(\text{bzw. } \frac{\partial T_{\mu 2}}{\partial x_2} \text{ und } \frac{\partial T_{\mu 3}}{\partial x_3}\right)$ wegen des Verschwindens der $T_{\mu\nu}$ an den Integrationsgrenzen verschwinden, so erhält man

$$\frac{\partial}{\partial l}\{\int T_{\mu 4}\, dx_1\, dx_2\, dx_3\} = 0\,. \qquad (49)$$

Die geschweiften Klammern enthalten die Ausdrücke der mit $\mathfrak{j}$ multiplizierten Impulskomponenten des ganzen Systems bzw. der negativ genommenen Energie des ganzen Systems, so daß (49) die Erhaltungssätze in ihrer integralen Form ausdrückt. Daß diese Auffassung der Energie und der Erhaltungssätze das Richtige trifft, wird auch aus der folgenden Betrachtung hervorgehen.

Phänomenologische Beschreibungen der Materie. Hydrodynamische Gleichungen. Wir wissen heute, daß die Materie aus elektrischen Elementarteilchen aufgebaut ist, sind aber nicht im Besitz der Feldgesetze, auf welchen die Konstitution jener Elementarteilchen beruht. Wir sind daher genötigt, uns bei Behandlung der mechanischen Probleme einer ungenauen Beschreibung der Materie zu bedienen, welche der von der klassischen Mechanik verwendeten entspricht. Die Dichte σ der ponderablen Substanz und die hydrodynamischen Druckkräfte (Flächenkräfte) sind die Grundbegriffe, auf die eine derartige Beschreibung sich stützt.

Es sei σ_0 die Massendichte der Materie an einer Stelle, wie sie von einem momentan mitbewegten Koordinatensystem aus beurteilt wird (Ruhedichte). σ_0 ist dann eine Invariante. Denken wir uns eine beliebig bewegte Materie unter Vernachlässigung der Flächenkräfte (Staub im Vakuum mit Vernachlässigung der Korngröße, der Temperatur), so wird der Energietensor außer von σ_0 nur von den Geschwindigkeitskomponenten u_ν abhängen. Wir erzielen den Tensorcharakter, indem wir setzen

$$T_{\mu\nu} = \sigma_0\, u_\mu\, u_\nu\,, \qquad (50)$$

wobei die u_μ in Begriffen der dreidimensionalen Darstellungsweise durch (41) gegeben sind. In der Tat folgt aus (50) für $q = 0$ $T_{44} = -\sigma_0$ (negative Energiedichte), wie es nach dem Satze von der Äquivalenz von Masse und Energie und nach unserer früheren physikalischen Interpretation des Energietensors sein muß. Wirkt eine äußere Volumkraft (vierdimensionaler Vektor K_μ) auf die Materie, so gilt nach dem Impulsenergiesatz die Gleichung

$$K_\mu = \frac{\partial T_{\mu\nu}}{\partial x_\nu}.$$

Wir wollen zeigen, daß diese Gleichung in der Tat auf das früher abgeleitete Bewegungsgesetz des materiellen Punktes führt. Denken wir die Materie räumlich unendlich wenig ausgedehnt, also als vierdimensionalen Faden, so hat man durch Integration über den ganzen Faden bezüglich der *räumlichen* Koordinaten x_1, x_2, x_3

$$\int K_1\, dx_1\, dx_2\, dx_3 = \int \frac{\partial T_{14}}{\partial x_4}\, dx_1\, dx_2\, dx_3$$

$$= -\mathrm{i}\,\frac{d}{dl}\left\{\int \sigma_0 \frac{dx_1}{d\tau}\frac{dx_4}{d\tau}\, dx_1\, dx_2\, dx_3\right\}. \qquad (50\text{a})$$

Nun ist aber $\int dx_1\, dx_2\, dx_3\, dx_4$ eine Invariante, also auch $\int \sigma_0\, dx_1\, dx_2\, dx_3\, dx_4$. Wir berechnen dies Integral einmal von dem von uns gewählten Inertialsystem aus, ein zweites Mal von einem System aus, relativ zu dem die betrachtete Materie die Geschwindigkeit Null hat. Die Integration ist über eine Längsfaser des Fadens zu erstrecken, für welche σ_0 als über dem räumlichen Querschnitt konstant anzusehen ist. Ist dV bzw. dV_0 das räumliche Volumen der Längsfaser, von den beiden Systemen aus beurteilt, so ist

$$\int \sigma_0\, dV\, dl = \int \sigma_0\, dV_0\, d\tau\,,$$

also auch

$$\int \sigma_0\, dV = \int \sigma_0\, dV_0 \frac{d\tau}{dl} = \int dm\, \mathrm{i}\,\frac{d\tau}{dx_4}.$$

Setzt man letzteren Ausdruck in (50a) ein und setzt den Faktor $\frac{dx_1}{d\tau}$ vor das Integralzeichen, so erhält man

$$\mathfrak{K}_x = \frac{d}{dl}\left(m\,\frac{dx_1}{d\tau}\right) = \frac{d}{dl}\left(\frac{m\,\mathfrak{q}_x}{\sqrt{1-q^2}}\right).$$

Man sieht hieraus, daß die verallgemeinerte Formulierung des Energie-Impuls-Satzes mit unseren früheren Resultaten im Einklang ist.

Eulersche Gleichungen für die ideale Flüssigkeit. Um dem Verhalten wirklicher Materie näher zu kommen, müssen wir dem Energietensor ein Glied beifügen, das den Flächenkräften entspricht. Der einfachste Fall ist der einer reibungslosen Flüssigkeit, in welchem die Flächenkräfte durch einen Skalar p bestimmt sind. Die tangentialen Flächenkräfte p_{xy} usw. verschwinden in diesem Falle, so daß der Beitrag zum Energietensor von der Form $p\,\delta_{\mu\nu}$ sein muß. Wir haben also zu setzen:

$$T_{\mu\nu} = \sigma\,u_\mu\,u_\nu + p\,\delta_{\mu\nu}\,. \tag{51}$$

Die Ruhedichte der Materie bzw. der Energie ist in diesem Falle nicht σ, sondern $\sigma - p$. Denn es ist im Fall der Ruhe

$$-\,T_{44} = \sigma\,\frac{dx_4}{d\tau}\,\frac{dx_4}{d\tau} - p\,\delta_{44} = \sigma - p\,.$$

Bei Abwesenheit von Volumenkräften ist

$$\frac{\partial T_{\mu\nu}}{\partial x_\nu} = \sigma\,u_\nu\,\frac{\partial u_\mu}{\partial x_\nu} + u_\mu\,\frac{\partial(\sigma\,u_\nu)}{\partial x_\nu} + \frac{\partial p}{\partial x_\mu} = 0\,.$$

Multipliziert man diese Gleichung mit $u_\mu\left(=\frac{dx_\mu}{d\tau}\right)$ und addiert über μ, so erhält man mit Rücksicht auf (40):

$$-\,\frac{\partial(\sigma\,u_\nu)}{\partial x_\nu} + \frac{dp}{d\tau} = 0\,, \tag{52}$$

wobei $\frac{\partial p}{\partial x_\mu} \frac{dx_\mu}{d\tau} = \frac{dp}{d\tau}$ gesetzt ist. Dies ist die Kontinuitätsgleichung, welche von derjenigen der klassischen Mechanik um das (praktisch verschwindend kleine) Glied $\frac{dp}{dt}$ abweicht. Mit Rücksicht auf (52) nehmen die Erhaltungsgleichungen die Form an:

$$\sigma \frac{du_\mu}{d\tau} + u_\mu \frac{dp}{d\tau} + \frac{\partial p}{\partial x_\mu} = 0 . \tag{53}$$

Die Gleichungen für die ersten drei Indizes entsprechen offenbar den EULERschen Gleichungen. Daß die Gleichungen (52) und (53) in erster Näherung den hydrodynamischen Gleichungen der klassischen Mechanik entsprechen, ist ein weiteres Argument dafür, daß die allgemeine Formulierung des Energiesatzes das Richtige trifft. Massen- bzw. Energiedichte haben Tensorcharakter (und zwar den eines symmetrischen Tensors).

Allgemeine Relativitätstheorie

Alle bisherigen Überlegungen beruhen auf der Voraussetzung, daß die Inertialsysteme für die physikalische Beschreibung gleichberechtigt, den Bezugsräumen von anderen Bewegungszuständen für die Formulierung der Naturgesetze aber überlegen seien. Für diese Bevorzugung bestimmter Bewegungszustände vor allen anderen kann gemäß unseren bisherigen Betrachtungen in den wahrnehmbaren Körpern bzw. in dem Begriff der Bewegung eine Ursache nicht gedacht werden; sie muß vielmehr auf eine selbständige, d. h. durch nichts anderes bedingte Eigenschaft des raumzeitlichen Kontinuums zurückgeführt werden. Insbesondere scheint das Trägheitsgesetz dazu zu zwingen, dem Raum-Zeit-Kontinuum physikalisch-objektive Eigenschaften zuzuschreiben. War es vom Standpunkt NEWTONS konsequent die beiden Begriffe auszusprechen: „tempus absolutum, spatium absolutum", so muß man auf dem Standpunkt der speziellen Relativitätstheorie von „continuum absolutum spatii et temporis est" sprechen. Dabei bedeutet „absolutum" nicht nur „physikalisch-real", sondern auch „in ihren physikalischen Eigenschaften selbständig, physikalisch bedingend, aber selbst nicht bedingt".

Solange man in dem Trägheitsgesetz ein letztes Fundament der Physik sieht, ist dieser Standpunkt sicherlich der allein berechtigte. Es bestehen aber gegen diese gewohnte Auffassung zwei schwerwiegende Bedenken. Erstens nämlich widerstrebt es dem wissenschaftlichen Verstande, ein Ding zu setzen (nämlich das zeiträumliche Kontinuum), was zwar wirkt, auf welches aber nicht gewirkt werden kann. Dies war der Grund, der E. Mach zu einem Versuche veranlaßte, den Raum als wirkende Ursache aus dem System der Mechanik zu eliminieren. Nach ihm sollte ein isolierter Massenpunkt sich nicht *gegen den Raum*, sondern *gegen das Mittel der übrigen Massen der Welt* beschleunigungsfrei bewegen; dadurch würde die Kausalreihe des mechanischen Geschehens zu einer *geschlossenen* im Gegensatz zur Mechanik Galileis und Newtons. Um diesen Gedanken im Rahmen der modernen Nahewirkungslehre durchzuführen, mußte die trägheitsbedingende Eigenschaft des raumzeitlichen Kontinuums allerdings als Feldeigenschaft des Raumes analog dem elektromagnetischen Felde aufgefaßt werden, wofür die Begriffe der klassischen Mechanik kein Ausdrucksmittel boten. Deshalb mußte der Machsche Lösungsversuch einstweilen scheitern. Wir werden später auf diesen Gesichtspunkt zurückkommen. Zweitens aber weist die klassische Mechanik einen Mangel auf, der direkt dazu auffordert, das Relativitätsprinzip auf relativ zueinander ungleichförmig bewegte Bezugsräume auszudehnen. Das Verhältnis der Massen zweier Körper ist nämlich in der Mechanik auf zwei prinzipiell verschiedene Weise definiert, nämlich erstens als das reziproke Verhältnis der Beschleunigungen, welche ihnen gleiche bewegende Kräfte erteilen (träge Masse), zweitens als das Verhältnis der Kräfte, welche auf sie in demselben Schwerefeld ausgeübt werden (schwere Masse). Die Gleichheit der ganz verschieden definierten schweren Masse und trägen Masse ist eine höchst genau konstatierte Erfahrungstatsache (EÖTVÖSscher Versuch), für welche die klassische Mechanik keine Erklärung hat. Es ist aber klar, daß die Wissenschaft erst dann einer derartigen numerischen Gleichheit voll gerecht geworden ist, wenn sie jene numerische Gleichheit auf eine Gleichheit des Wesens reduziert hat.

Daß dies Ziel durch eine Erweiterung des Relativitätsprinzips wirklich erreicht werden kann, geht aus folgender Betrachtung hervor. Zunächst zeigt eine einfache Überlegung, daß der Satz von der Gleichheit der trägen und schweren Masse gleichwertig ist mit dem Satze, daß die Beschleunigung, welche ein Schwerefeld einem Körper verleiht, unabhängig ist von dessen Natur. Denn die NEWTONsche Bewegungsgleichung in einem Schwerefeld lautet ausführlich geschrieben

$$\begin{aligned}&(\text{träge Masse}) \cdot (\text{Beschleunigung})\\ &\qquad = (\text{Intensität des Schwerefeldes}) \cdot (\text{schwere Masse})\,.\end{aligned}$$

Nur bei numerischer Gleichheit der trägen und der chweren Masse des Körpers ist die Beschleunigung unabhängig von der Natur des Körpers. Es sei nun K ein Inertialsystem. Voneinander und von anderen Körpern hinreichend entfernte Massen sind dann gegenüber K beschleunigungsfrei. Wir beziehen diese außerdem noch auf ein relativ zu K gleichmäßig beschleunigtes Koordinatensystem K'. Relativ zu K' sind alle Massen parallel zueinander gleich stark beschleunigt; sie verhalten sich also bezüglich K' so, wie wenn ein Schwerefeld vorhanden und K' nicht beschleunigt wäre. Abgesehen von der Frage der „Ursache" eines solchen Schwerefeldes, welche uns erst später beschäftigen wird, hindert uns nichts, dieses Schwerefeld als real, d. h. jene Auffassung, daß K' „ruhe" und ein Gravitationsfeld vorhanden sei, für gleichberechtigt zu halten mit der Auffassung, daß nur K, ein „berechtigtes" Koordinatensystem, und *kein* Schwerefeld vorhanden sei. Die Voraussetzung der vollen physikalischen Gleichberechtigung beider Koordinatensysteme nennen wir „Äquivalenzprinzip"; dieses wird offenbar durch den Satz von der Gleichheit der trägen und schweren Masse nahegelegt und bedeutet die Ausdehnung des Relativitätsprinzips auf relativ zueinander ungleichförmig bewegte Koordinatensysteme. Durch diese Auffassungsweise gelangt man zu einer Theorie, in welcher Trägheit und Schwere wesensgleich sind. Denn je nach der Betrachtungsweise erscheinen dieselben Massen unter der Wirkung der Trägheit allein (von K aus) oder unter der kombinierten Wirkung von Trägheit und Schwere (von K' aus). Die Möglichkeit, die numerische Gleichheit von Trägheit und Schwere auf eine Wesenseinheit zurückzuführen, verleiht der allgemeinen Relativitätstheorie nach meiner Überzeugung ein solches Übergewicht über die Auffassung der klassischen Mechanik, daß alle Schwierigkeiten diesem Fortschritt gegenüber gering geschätzt werden müssen.

Was ermächtigt uns aber, uns über das durch die Erfahrung scheinbar so unerschütterlich gestützte Trägheitsgesetz hinwegzusetzen, das die Inertialsysteme von allen anderen Koordinatensystemen auszeichnet? Die Schwäche des Trägheitsgesetzes liegt darin, daß es einen Zirkel enthält: eine Masse bewegt sich beschleunigungsfrei, wenn sie von anderen Körpern hinreichend entfernt ist; *daß* sie hinreichend entfernt ist, erkennt man aber durch nichts anderes als eben dadurch, daß sie sich beschleunigungsfrei bewegt. Gibt es überhaupt Inertialsysteme für sehr ausgedehnte Stücke des Raum-Zeit-Kontinuums oder gar für die ganze Welt? Wir dürfen den Trägheitssatz als mit großer Näherung konstatiert ansehen für den Raum unseres Planetensystems, wenn wir von den Störungen absehen, welche die Sonne und die Planeten mit sich bringen. Genauer: es gibt bezüglich passend gewählter Bezugsräume endliche Gebiete, in denen Massenpunkte sich beschleunigungsfrei bewegen, in denen überhaupt die oben entwickelten Gesetze der speziellen Relativitätstheorie mit erheblicher Genauigkeit gelten. Solche Gebiete wollen wir „galileische Gebiete" nennen. Von der Betrachtung solcher Gebiete als eines Spezialfalles von bekannten Eigenschaften wollen wir ausgehen.

Das Äquivalenzprinzip verlangt, daß wir bei der Betrachtung galileischer Gebiete auch Nichtinertialsysteme, d. h. solche Koordinatensysteme als gleichberechtigt zulassen, welche gegenüber Inertialsystemen nicht beschleunigungs- und drehungsfrei sind. Wenn wir ferner die drückende Frage nach dem objektiven Grund der Bevorzugung gewisser Koordinatensysteme radikal aus der Welt schaffen wollen, so werden wir beliebig bewegte Koordinatensysteme zulassen müssen. Sobald wir damit Ernst machen, kommen wir mit derjenigen physikalischen Interpretation von Raum und Zeit in Konflikt, die uns in der speziellen Relativitätstheorie zum Ziele geführt hat. Es sei nämlich K' ein Koordinatensystem, dessen z'-Achse mit der z-Achse von K zusammenfalle, und welches um diese Achse mit konstanter Winkelgeschwindigkeit rotiere. Sind starre Körper in bezug auf K' ruhend gemäß den Gesetzen der euklidischen Geometrie lagerbar? Die Gesetze der Lagerung starrer Körper wie überhaupt die Naturgesetze kennen wir in bezug auf K' nicht unmittelbar, da K' kein Inertialsystem ist. Wohl aber kennen wir sie in bezug auf das Inertialsystem K, können sie also in bezug auf K beurteilen. Wir denken uns in der x' y'-Ebene von K' einen Kreis um den Koordinatenursprung gezogen nebst einem Durchmesser dieses Kreises. Ferner denken wir uns eine große Zahl untereinander gleicher starrer Stäbchen gegeben. Diese denken wir uns längs der Kreisperipherie und längs des Durchmessers in Reihe gelegt, in Ruhe relativ zu K'. Ist nun U die Zahl der Stäbchen auf der Peripherie, D die Zahl der Stäbchen auf dem

Durchmesser, so würde, wenn K' gegen K nicht rotierte,

$$\frac{U}{D} = \pi$$

sein. Wenn aber K' rotiert, so verhält es sich anders. Wir denken uns zu einer bestimmten Zeit t von K die Endpunkte aller Stäbchen in bezug auf K bestimmt. Von K aus erfahren die Stäbchen auf der Peripherie die LORENTZ-Verkürzung, die Stäbchen auf dem Durchmesser aber nicht [in ihrer Längsrichtung!][1]). Es folgt hieraus

$$\frac{U}{D} > \pi\,.$$

Hieraus folgt, daß die Lagerungsgesetze starrer Körper in bezug auf K' nicht übereinstimmen mit den Lagerungsgesetzen der Körper gemäß der euklidischen Geometrie. Ordnen wir ferner auf der Peripherie und im Zentrum des Kreises je eine von zwei gleich beschaffenen Uhren an (mit K' rotierend), so geht — von K aus beurteilt — die Uhr an der Peripherie langsamer als die Uhr im Zentrum. Dasselbe muß auch — von K' aus beurteilt — stattfinden, wenn wir die Zeit auf K' nicht ganz unnatürlicher Weise definieren wollen (nämlich so, daß die in bezug auf K' geltenden Gesetze explizite von der Zeit abhängen). Es läßt sich also Raum und Zeit nicht in der Weise in bezug auf K' definieren, wie wir es in der speziellen Relativitätstheorie in bezug auf die Inertialsysteme getan haben. Nach dem Äquivalenzprinzip ist aber K' auch als „ruhendes" System aufzufassen, in bezug auf welches ein Gravitationsfeld herrscht (Zentrifugalfeld, Feld der CORIOLIS-Kräfte). Wir kommen also zu dem Resultat: das Gravitationsfeld

---

[1]) Diese Betrachtungen setzen allerdings voraus, daß das Verhalten von Stäbchen und Uhren nur von der *Geschwindigkeit*, nicht aber von der Beschleunigung abhänge, oder wenigstens, daß der Einfluß der Beschleunigung den der Geschwindigkeit nicht aufhebe.

beeinflußt bzw. bestimmt die metrischen Gesetze des raumzeitlichen Kontinuums. Wenn die Geometrie die Lagerungsgesetze der (idealen) festen Körper ausdrücken soll, so ist sie im Falle der Anwesenheit von Gravitationsfeldern nicht euklidisch.

Der hier vorliegende Fall ist analog demjenigen, welcher bei der (zweidimensionalen) Beschreibung von Flächen eintritt. Es ist auch hier unmöglich, auf der Fläche (z. B. einer Ellipsoidfläche) Koordinaten einzuführen, denen eine einfache metrische Bedeutung zukommt, während auf der *Ebene* die kartesischen Koordinaten x_1, x_2 unmittelbar mit einem Einheitsmaßstab gemessene Längen bedeuten. GAUSS hat in der Flächentheorie die Schwierigkeit dadurch überwunden, daß er beliebige, an sich nur die Stetigkeitszusammenhänge ausdrückende krummlinige Koordinaten auf der Fläche einführte und diese dann erst zu den metrischen Eigenschaften der Fläche in Beziehung setzte. Analog führen wir in der allgemeinen Relativitätstheorie beliebige Koordinaten x_1, x_2, x_3, x_4 ein, welche die Raumzeitpunkte derart eindeutig numerieren, daß raumzeitlich benachbarten Ereignissen benachbarte Werte der Koordinaten zugeordnet werden; sonst soll diese Koordinatenwahl beliebig sein. Wir werden dem Relativitätsprinzip in weitestem Sinne dadurch gerecht, daß wir den Gesetzen eine solche Form geben, daß sie bezüglich jedes derartigen (vierdimensionalen) Koordinatensystems gelten, d. h. daß die sie ausdrückenden Gleichungen bezüglich beliebiger Transformationen kovariant sind.

Der wichtigste Vergleichspunkt der GAUSSschen Flächentheorie und der allgemeinen Relativitätstheorie liegt in der Metrik, auf welche die Begriffe beider Theorien in der Hauptsache sich stützen. Im Falle der Flächentheorie ist GAUSS' Gedankengang der folgende. Die *ebene* Geometrie läßt sich auf den Begriff des (physikalisch bedeutsamen, weil mit starren Maßstäben unmittelbar meßbaren) Abstandes *ds* zweier unwesentlich naher Punkte gründen. Bei passender (kartesischer)

Koordinatenwahl ist dieser Abstand durch die Formel $ds^2 = dx_1^2 + dx_2^2$ gegeben. Auf diese Größe lassen sich die Begriffe der Geraden als der kürzesten Linie ($\delta \int ds = 0$), der Strecke, des Kreises, des Winkels gründen, aus denen sich die EUKLIDische Geometrie der Ebene aufbaut. Die Geometrie auf einer anderen, stetig gekrümmten Fläche läßt sich analog entwickeln, wenn man beachtet, daß ein infinitesimal kleiner Teil der Fläche bis auf relativ unendlich Kleines als eben betrachtet werden kann. Auf einem solchen kleinen Flächenstück gibt es kartesische Koordinaten X_1, X_2, und der mit einem Maßstab gemessene Abstand zweier Punkte auf ihm ist durch

$$ds^2 = dX_1^2 + dX_2^2$$

gegeben. Führt man auf der Fläche beliebige krummlinige Koordinaten x_1, x_2 ein, so sind die dX_1, dX_2 linear durch die dx_1, dx_2 ausdrückbar. Es gilt deshalb überall auf der Fläche

$$ds^2 = g_{11}\, dx_1^2 + 2\, g_{12}\, dx_1\, dx_2 + g_{22}\, dx_2^2 ,$$

wobei die g_{11}, g_{12}, g_{22} durch die Natur der Fläche und die Koordinatenwahl bestimmt sind; sind diese Funktionen bekannt, so ist damit auch bekannt, wie Netze starrer Stäbchen auf der Fläche gelegt werden können, d. h. es läßt sich auf diesen Ausdruck für ds^2 die Geometrie der Fläche gründen, genau wie auf den entsprechenden Ausdruck die Geometrie der Ebene.

Analog verhält es sich mit dem vierdimensionalen Raum-Zeit-Kontinuum der Physik. Für einen in einem Gravitationsfelde frei fallenden Beobachter existiert in seiner unmittelbaren Umgebung das Gravitationsfeld nicht. Wir werden also ein infinitesimal kleines Gebiet des raumzeitlichen Kontinuums stets als ein GALILEIsches betrachten können. Für ein solches unendlich kleines Gebiet wird es ein Inertialsystem (mit den räumlichen Koordinaten X_1, X_2, X_3 und der zeitlichen Koordinate X_4) geben, relativ zu welchem wir die Gesetze der speziellen Relativitätstheorie als gültig anzusehen haben. Es wird also die unmittelbar mit Einheitsmaßstäben und -uhren meßbare Größe

$$dX_1^2 + dX_2^2 + dX_3^2 - dX_4^2$$

oder auch das Negative dieser Größe

$$ds^2 = - dX_1^2 - dX_2^2 - dX_3^2 + dX_4^2 \tag{54}$$

eine für zwei benachbarte Ereignisse (Punkte des vierdimensionalen Kontinuums) eindeutig bestimmte Invariante sein, wenn nur überall mit Einheitsmaßstäben (bzw. Uhren) operiert wird, die sich als einander gleich herausstellen, wenn man sie zusammenbringt und aneinander anlegt (bzw. ihren Ablauf vergleicht). Hier ist die physikalische Voraussetzung wesentlich, daß die relative Länge zweier Maßstäbe bzw. die relative Ganggeschwindigkeit zweier Uhren im Prinzip unabhängig ist von ihrer Vorgeschichte. Diese Voraussetzung ist aber in der Erfahrung sehr sicher begründet; wäre sie nicht zutreffend, so könnte es keine scharfen Spektrallinien geben, da die einzelnen Atome desselben Elementes sicherlich nicht die gleiche Vorgeschichte haben, und da es bei Annahme relativer Variabilität der Einzelgebilde je nach der Vorgeschichte auch ungereimt wäre anzunehmen, daß die Masse bzw. Eigenfrequenzen der einzelnen Atome desselben Elementes jemals einander gleich gewesen wären.

In endlicher Ausdehnung sind die zeiträumlichen Gebiete im allgemeinen nicht GALILEIsch, so daß sich das Gravitationsfeld durch keine Koordinatenwahl für endliche Gebiete fortschaffen läßt. Es gibt also auch keine Koordinatenwahl, für welche in endlichen Gebieten die metrischen Verhältnisse der speziellen Relativitätstheorie obwalten. Immer aber besteht zu zwei benachbarten Punkten des Kontinuums (Ereignissen) die obige Invariante ds. Diese läßt sich aber in beliebigen Koordinaten ausdrücken. Berücksichtigt man, daß sich die lokalen dX_ν linear durch die Koordinatendifferentiale dx_ν ausdrücken lassen müssen, so erhält man ds^2 in der Form

$$ds^2 = g_{\mu\nu}\, dx_\mu\, dx_\nu\,. \tag{55}$$

Die Funktionen $g_{\mu\nu}$ beschreiben in bezug auf das gewählte willkürliche Koordinatensystem sowohl die metrischen Verhältnisse im raumzeitlichen Kontinuum als auch das Gravitationsfeld. Wie in der speziellen Relativitätstheorie hat man zeitartige und raumartige Linienelemente im vierdimensionalen Kontinuum zu unterscheiden, bei der von uns bevorzugten Zeichenwahl haben zeitartige Linienelemente reelles, raumartige imaginäres ds. Zeitartige ds können unmittelbar durch eine passend gewählte Einheitsuhr gemessen werden.

Nach dem Gesagten ist es klar, daß die Formulierung der allgemeinen Relativitätstheorie eine Verallgemeinerung der Invarianten- und Tensorentheorie zur Voraussetzung hat; man fragt nach dem Bau derjenigen Gleichungen, welche bezüglich beliebiger Punkttransformationen kovariant sind. Der so verallgemeinerte Tensorkalkül wurde von den Mathematikern lange vor der Relativitätstheorie entwickelt. Zuerst dehnte Riemann den Gaussschen Gedankengang auf Kontinua beliebiger Dimensionszahl aus; er hat die physikalische Bedeutung dieser Verallgemeinerung der Geometrie Euklids mit prophetischem Blick vorausgesehen. Dann folgte der Ausbau der Theorie in Form des Tensorkalküls insbesondere durch Ricci und Levi-Cività. Eine kurze Darlegung der wichtigsten hierher gehörigen mathematischen Begriffe und Operationen möge hier Platz finden.

Wieder bezeichnen wir vier (als Funktionen der x_ν in bezug auf jedes Koordinatensystem definierte) Größen als Komponenten A^ν eines (kontravarianten) Vektors, wenn sie sich bei Koordinatenänderung transformieren wie die Koordinatendifferentiale dx_ν. Es gilt also

$$A^{\mu'} = \frac{\partial x'_\mu}{\partial x_\nu} A^\nu\,. \tag{56}$$

Außer diesen kontravarianten Vektoren gibt es aber

auch kovariante. Sind B_ν die Komponenten eines kovarianten Vektors, so soll die Transformationsregel gelten

$$B'_\mu = \frac{\partial x_\nu}{\partial x'_\mu} B_\nu \,. \tag{57}$$

Die Definition des kovarianten Vektors ist so gewählt, daß er zusammen mit einem kontravarianten einen Skalar bilden kann nach dem Schema

$$\varphi = B_\nu A^\nu \text{ (über } \nu \text{ summiert)} \,.$$

Es ist nämlich

$$B'_\mu A^{\mu'} = \frac{\partial x_\alpha}{\partial x'_\mu} \frac{\partial x'_\mu}{\partial x_\beta} B_\alpha A^\beta = B_\alpha A^\alpha .$$

Speziell sind die Ableitungen $\frac{\partial \varphi}{\partial x_\alpha}$ eines Skalars φ Komponenten eines kovarianten Vektors, der mit den Koordinatendifferentialen den Skalar $\frac{\partial \varphi}{\partial x_\alpha} dx_\alpha$ bildet; man erkennt an diesem Beispiel die Natürlichkeit der Definition des kovarianten Vektors.

Auch hier gibt es Tensoren von beliebigem Range, die bezüglich jedes Index kovarianten oder kontravarianten Charakters sein können, welcher Charakter wie bei Vektoren durch die Stellung des Index bezeichnet wird. So bezeichnet beispielsweise A_μ^ν einen Tensor zweiten Ranges, der bezüglich des Index μ kovarianten, bezüglich des Index ν kontravarianten Charakters ist. Der Tensorcharakter bedeutet das Bestehen der Transformationsgleichung

$$A_\mu^{\nu'} = \frac{\partial x_\alpha}{\partial x_{\mu'}} \frac{\partial x'_\nu}{\partial x_\beta} A_\alpha^\beta \,. \tag{58}$$

Tensorbildung durch Addition und Subtraktion von Tensoren gleichen Ranges und gleichen Charakters wie bei der Invariantentheorie der orthogonalen linearen Substitutionen, z. B.

$$A_\mu^\nu + B_\mu^\nu = C_\mu^\nu \,. \tag{59}$$

Beweis des Tensorcharakters von C_μ^ν auf Grund von (58).

Tensorbildung durch Multiplikation unter Wahrung der Charaktere der Indizes ebenfalls wie bei der Invariantentheorie der linearen orthogonalen Transformationen. Beispiel:

$$A^{\nu}_{\mu} B_{\sigma\tau} = C^{\nu}_{\mu\sigma\tau} . \qquad (60)$$

Der Beweis fließt direkt aus dem Transformationsgesetz.

Tensorbildung durch Verjüngung bezüglich zweier Indizes *von verschiedenem Charakter*. Beispiel:

$$A^{\mu}_{\mu\sigma\tau} = B_{\sigma\tau} . \qquad (61)$$

Der Tensorcharakter von $A^{\nu}_{\mu\sigma\tau}$ bedingt den Tensorcharakter von $B_{\sigma\tau}$. Beweis:

$$A^{\mu'}_{\mu\sigma\tau} = \frac{\partial x_\alpha}{\partial x'_\mu} \frac{\partial x'_\mu}{\partial x_\beta} \frac{\partial x_s}{\partial x'_\sigma} \frac{\partial x_t}{\partial x'_\tau} A^{\beta}_{\alpha s t} = \frac{\partial x_s}{\partial x'_\sigma} \frac{\partial x_t}{\partial x'_\tau} A^{\alpha}_{\alpha s t} .$$

Auch hier hat die Symmetrie- und Antisymmetrie-Eigenschaft eines Tensors bezüglich zweier Indizes *vom gleichen Charakter* invariante Bedeutung.

Damit ist alles Wesentliche über die algebraischen Eigenschaften der Tensoren gesagt.

Der Fundamentaltensor. Aus der Invarianz von ds^2 bei beliebiger Wahl der dx_ν im Zusammenhang mit der mit (55) verträglichen Symmetriebedingung folgt, daß die $g_{\mu\nu}$ Komponenten eines symmetrischen kovarianten Tensors sind (Fudamentaltensor). Man denke sich nun die Determinante g der $g_{\mu\nu}$ gebildet, außerdem die durch g dividierten, zu den einzelnen $g_{\mu\nu}$ gehörigen Unterdeterminanten $g^{\mu\nu}$ gebildet, deren Kovarianzcharakter zunächst noch unbekannt ist. Dann ist

$$g_{\mu\alpha} g^{\mu\beta} = \delta^{\beta}_{\alpha} \ (= 1 \text{ bzw.} = 0, \text{ je nachdem } \alpha = \beta \text{ oder } \alpha \neq \beta) . \qquad (62)$$

Bildet man die unendlich kleinen Größen (kovariante Vektoren)

$$d\xi_\mu = g_{\mu\alpha} dx_\alpha \qquad (63)$$

multipliziert mit $g^{\mu\beta}$ und addiert über μ, so erhält man mit Rücksicht auf (62)

$$dx_\beta = g^{\beta\mu}\, d\xi_\mu\,. \tag{64}$$

Da die Verhältnisse der $d\xi_\mu$ frei wählbar und die dx_β sowie die $d\xi_\mu$ Vektorkomponenten sind, so folgt daraus, daß die $g^{\beta\mu}$ Komponenten eines kontravarianten Tensors sind[1]) (kontravarianter Fundamentaltensor). Hieraus folgt vermöge (62) auch der Tensorcharakter von δ_α^β (gemischter Fundamentaltensor). Vermittelst des Fundamentaltensors kann man statt Tensoren mit kovariantem Indexcharakter solche mit kontravariantem Indexcharakter einführen und umgekehrt. Beispiele:

$$A^\mu = g^{\mu\alpha} A_\alpha$$
$$A_\mu = g_{\mu\alpha} A^\alpha$$
$$T_\mu^\sigma = g^{\sigma\nu} T_{\mu\nu}\,.$$

Voluminvariante. Das Volumenelement

$$\int dx_1\, dx_2\, dx_3\, dx_4 = dx$$

ist keine Invariante. Denn es ist nach dem Jacobischen Satze

$$dx' = \left|\frac{dx'_\mu}{dx_\nu}\right| \cdot dx\,. \tag{65}$$

Man kann aber dx zu einer Invariante ergänzen. Bildet man nämlich die Determinante der Größen

$$g'_{\mu\nu} = \frac{\partial x_\alpha}{\partial x'_\mu} \frac{\partial x_\beta}{\partial x'_\nu} g_{\alpha\beta}\,,$$

so erhält man nach zweimaliger Anwendung des Multi-

[1]) Multipliziert man (64) mit $\frac{\partial x'_\alpha}{\partial x_\beta}$, summiert über β und ersetzt die $d\xi_\mu$ durch Transformation auf das gestrichene System, so erhält man $dx'_\alpha = \frac{\partial x'_\sigma}{\partial x_\mu} \frac{\partial x'_\alpha}{\partial x_\beta} g^{\mu\beta}\, d\xi'_\sigma$. Hieraus folgt die Behauptung, da nach (64) gleichzeitig $dx'_\alpha = g^{\sigma\alpha\prime}\, d\xi'_\sigma$ gelten muß, und zwar beide Gleichungen für jede Wahl der $d\xi'_\sigma$.

plikationssatzes der Determinanten

$$g' = |g'_{\mu\nu}| = \left|\frac{\partial x_\nu}{\partial x'_\mu}\right|^2 \cdot |g_{\mu\nu}| = \left|\frac{\partial x'_\mu}{\partial x_\nu}\right|^{-2} g\,.$$

Hieraus folgt die Invariante

$$\sqrt{g'}\,dx' = \sqrt{g}\,dx\,. \tag{66}$$

Bildung von Tensoren durch Differenzieren. Erwiesen sich die algebraischen Operationen zur Tensorbildung ähnlich einfach als bei dem Spezialfall der Invarianz gegenüber linearen orthogonalen Transformationen, so sind im allgemeinen Falle die invarianten Differentialoperationen leider beträchtlich komplizierter. Es liegt dies an folgendem. Ist A^μ ein kontravarianter Vektor, so sind dessen Transformationskoeffizienten $\frac{\partial x'_\mu}{\partial x_\nu}$ nur dann vom Orte unabhängig, wenn die Transformation eine lineare ist. Dann transformieren sich die Vektorkomponenten $A^\mu + \frac{\partial A^\mu}{\partial x_\alpha} dx_\alpha$ in einem benachbarten Punkte wie die A^μ selbst, woraus dann der Vektorcharakter des Vektordifferentials und der Tensorcharakter von $\frac{\partial A^\mu}{\partial x_\alpha}$ folgt. Sind aber die $\frac{\partial x'_\mu}{\partial x_\nu}$ variabel, so gilt dies nicht mehr.

Daß es jedoch auch im allgemeinen Falle invariante Differentialoperationen an Tensoren gibt, erkennt man am befriedigendsten auf folgendem zuerst von Levi-Civitá und Weyl eingeschlagenen Wege. Es sei (A^μ) kontravarianter Vektor, dessen Komponenten in bezug auf das Koordinatensystem der x_ν gegeben seien. P_1 und P_2 seien zwei infinitesimal benachbarte Punkte des Kontinuums. Für die infinitesimale Umgebung des Punktes P_1 gibt es nach unseren Betrachtungen Koordinatensysteme der X_ν, für welche sich das Kontinuum euklidisch verhält (bei imaginärer X_4-Koordinate). Seien $A^\mu_{(1)}$ die Komponenten des Vektors im Punkte P_1.

Denke ich mir im Punkte P_2 unter Benutzung des Lokalsystems der X_ν einen Vektor mit denselben Koordinaten abgetragen (Parallelvektor durch P_2), so ist dieser Parallelvektor eindeutig bestimmt durch den Vektor im Punkte P_1 und die Verschiebung. Wir nennen diese Operation, deren Eindeutigkeit aus dem Folgenden hervorgehen wird, die Parallelverschiebung des Vektors A^μ von P_1 nach dem infinitesimal benachbarten P_2. Bilden wir die vektorielle Differenz des Vektors (A^μ) im Punkte P_2 und des durch Parallelverschiebung aus P_1 in P_2 erhaltenen Vektors, so erhalten wir einen Vektor, der als Differential des Vektors (A^μ) für die gegebene Verschiebung (dx_ν) aufgefaßt werden kann.

Diese Vektorverschiebung läßt sich natürlich auch vom Koordinatensystem der x_ν aus betrachten. Sind A^ν die Koordinaten des Vektors in P_1, $A^\nu + \delta A^\nu$ die Koordinaten des über die Strecke (dx_ν) nach P_2 parallel verschobenen Vektors, so verschwinden in diesem Falle die δA^ν nicht. Von diesen Größen (die nicht Vektorcharakter haben) wissen wir, daß sie linear und homogen von den dx_ν und von den A^ν abhängen müssen. Wir setzen demgemäß an

$$\delta A^\nu = - \Gamma^\nu_{\alpha\beta} A^\alpha dx_\beta . \tag{67}$$

Da die Größen $g_{\mu\nu}$ alle metrischen Eigenschaften des Kontinuums bestimmen, müssen sie auch die Größen $\Gamma^\nu_{\alpha\beta}$ bestimmen. Betrachtet man die Invariante des Vektors A^ν, nämlich das Quadrat seines Betrages

$$g_{\mu\nu} A^\mu A^\nu ,$$

welcher eine Invariante ist, so darf sich diese bei Parallelverschiebung des Vektors nicht ändern. Man hat also:

$$\begin{aligned} 0 &= \delta(g_{\mu\nu} A^\mu A^\nu) \\ &= \frac{\partial g_{\mu\nu}}{\partial x_\alpha} A^\mu A^\nu dx_\alpha + g_{\mu\nu} A^\mu \delta A^\nu + g_{\mu\nu} A^\nu \delta A^\mu , \end{aligned}$$

oder nach (67)

$$\left(\frac{\partial g_{\mu\nu}}{\partial x_\alpha} - g_{\mu\beta}\,\Gamma^\beta_{\nu\alpha} - g_{\nu\beta}\,\Gamma^\beta_{\mu\alpha}\right) A^\mu\, A^\nu\, dx_\alpha = 0\,.$$

Bei der Symmetrie des Klammerausdruckes bezüglich der Indizes μ und ν kann diese Gleichung bei beliebiger Wahl der Vektoren (A^μ) und (dx_ν) nur dann gelten, wenn die Klammer für alle Indexkombinationen verschwindet. Durch zyklische Vertauschung der Indizes μ, ν, α erhält man so im ganzen drei Gleichungen, aus denen man mit Rücksicht auf die Symmetrieeigenschaft der $\Gamma^\alpha_{\mu\nu}$ erhält:

$$\left[{\mu\nu \atop \alpha}\right] = g_{\alpha\beta}\Gamma^\beta_{\mu\nu}\,, \tag{68}$$

wobei nach Christoffel die Abkürzung eingeführt ist

$$\left[{\mu\nu \atop \alpha}\right] = \frac{1}{2}\left(\frac{\partial g_{\mu\alpha}}{\partial x_\nu} + \frac{\partial g_{\nu\alpha}}{\partial x_\mu} - \frac{\partial g_{\mu\nu}}{\partial x_\alpha}\right). \tag{69}$$

Multipliziert man (68) mit $g^{\alpha\sigma}$ und addiert über α, so erhält man

$$\Gamma^\sigma_{\mu\nu} = \frac{1}{2}\, g^{\sigma\alpha}\left(\frac{\partial g_{\mu\alpha}}{\partial x_\nu} + \frac{\partial g_{\nu\alpha}}{\partial x_\mu} - \frac{\partial g_{\mu\nu}}{\partial x_\alpha}\right) = \left\{{\mu\nu \atop \sigma}\right\}, \tag{70}$$

wobei $\left\{{\mu\nu \atop \sigma}\right\}$ die Christoffelschen Symbole zweiter Art sind. Damit sind die Größen Γ aus den $g_{\mu\nu}$ abgeleitet. Die $\Gamma^\sigma_{\mu\nu}$ sind symmetrisch in bezug auf die unteren beiden Indizes. Dies folgt aus der Symmetrie des Fundamentaltensors $g_{\alpha\beta}$. Die Gleichungen (67) und (70) bilden das Fundament für die folgenden Überlegungen.

Erweiterung der Tensoren[1]). Ist $(A^\mu + \delta A^\mu)$ der von P_1 nach P_2 infinitesimal parallel verschobene Vektor, $(A^\mu + dA^\mu)$ der Vektor (A^μ) im Punkte P_2, so ist die Differenz dieser beiden

$$dA^\mu - \delta A^\mu = \left(\frac{\partial A^\mu}{\partial x_\sigma} + \Gamma^\mu_{\sigma\alpha}\, A^\alpha\right) dx_\sigma$$

---

[1]) In der neueren Literatur allgemein als „kovariante Differentiation“ bezeichnet.

ebenfalls ein Vektor. Da dies bei beliebiger Wahl der dx_σ der Fall ist, so ist

$$A^\mu{}_{;\sigma} = \frac{\partial A^\mu}{\partial x_\sigma} + \Gamma^\mu_{\sigma\alpha} A^\alpha \tag{71}$$

ein Tensor, den wir als die Erweiterung des Tensors ersten Ranges (Vektors) bezeichnen. Durch Verjüngen dieses Tensors erhält man die Divergenz des kontravarianten Tensors A^μ. Dabei hat man zu berücksichtigen, daß gemäß (70)

$$\Gamma^\sigma_{\mu\sigma} = \frac{1}{2} g^{\sigma\alpha} \frac{\partial g_{\sigma\alpha}}{\partial x_\mu} = \frac{1}{\sqrt{g}} \frac{\partial \sqrt{g}}{\partial x_\mu}\,. \tag{72}$$

Setzt man ferner

$$A^\mu \sqrt{g} = \mathfrak{A}^\mu \tag{73}$$

welche Größe wir mit WEYL als kontravariante *Tensordichte*[1]) ersten Ranges bezeichnen, so folgt, daß

$$\mathfrak{A} = \frac{\partial \mathfrak{A}^\mu}{\partial x_\mu} \tag{74}$$

eine skalare Dichte ist.

Wir erhalten das Gesetz der Parallelverschiebung für den kovarianten Vektor B_μ, indem wir festsetzen, diese soll so vorgenommen werden, daß bei dem Akt der Parallelverschiebung der Skalar

$$\varphi = A^\mu B_\mu$$

ungeändert bleibt, daß also

$$A^\mu \delta B_\mu + B_\mu \delta A^\mu$$

bei jeder Wahl von (A^μ) verschwindet. Man erhält so

$$\delta B_\mu = \Gamma^\alpha_{\mu\sigma} A_\alpha dx_\sigma\,. \tag{75}$$

---

[1]) Dieser Ausdruck rechtfertigt sich dadurch, daß $A^\mu \sqrt{g}\, dx = \mathfrak{A}^\mu dx$ Tensorcharakter hat. Jeder Tensor verwandelt sich durch Multiplizieren mit $\sqrt{g}$ in eine Tensordichte. Wir verwenden für Tensordichten große gotische Buchstaben.

Hieraus ergibt sich für die Erweiterung des kovarianten Vektors auf demselben Wege, der zu (71) geführt hat,

$$B_{\mu;\sigma} = \frac{\partial B_\mu}{\partial x_\sigma} - \Gamma^\alpha_{\mu\sigma} B_\alpha \cdot \tag{76}$$

Durch Vertauschung der Indizes μ und σ und Subtraktion erhält man den antisymmetrischen Tensor

$$\varphi_{\mu\sigma} = \frac{\partial B_\mu}{\partial x_\sigma} - \frac{\partial B_\sigma}{\partial x_\mu}. \tag{77}$$

Die Erweiterung von Tensoren zweiten und höheren Ranges findet man nach dem Verfahren, nach welchem (75) abgeleitet ist. Sei z. B. $(A_{\sigma\tau})$ ein kovarianter Tensor zweiten Ranges. Dann ist $A_{\sigma\tau} E^\sigma F^\tau$ ein Skalar, wenn E und F Vektoren sind. Dieser Ausdruck darf durch die δ-Verschiebung nicht geändert werden; formuliert man dies, so erhält man mit Benutzung von (67) $\delta A_{\sigma\tau}$ und daraus die gesuchte Erweiterung

$$A_{\sigma\tau;\varrho} = \frac{\partial A_{\sigma\tau}}{\partial x_\varrho} - \Gamma^\alpha_{\sigma\varrho} A_{\alpha\tau} - \Gamma^\alpha_{\tau\varrho} A_{\sigma\alpha}. \tag{78}$$

Damit das allgemeine Bildungsgesetz der Erweiterung der Tensoren klar heraustrete, seien noch zwei analog ableitbare Erweiterungen hingeschrieben:

$$A^\tau_{\sigma;\varrho} = \frac{\partial A^\tau_\sigma}{\partial x_\varrho} - \Gamma^\alpha_{\sigma\varrho} A^\tau_\alpha + \Gamma^\tau_{\alpha\varrho} A^\alpha_\sigma \tag{79}$$

$$A^{\sigma\tau}_{\ \ ;\varrho} = \frac{\partial A^{\sigma\tau}}{\partial x_\varrho} + \Gamma^\sigma_{\alpha\varrho} A^{\alpha\tau} + \Gamma^\tau_{\alpha\varrho} A^{\sigma\alpha}. \tag{80}$$

Das allgemeine Bildungsgesetz springt in die Augen. Wir leiten aus diesen Formeln einige andere ab, welche für die physikalische Anwendung der Theorie von Interesse sind.

Für den Fall, daß $A_{\sigma\tau}$ antisymmetrisch ist, folgt durch zyklische Vertauschung und Addition der in allen

Indexpaaren antisymmetrische Tensor

$$A_{\sigma\tau\varrho} = \frac{\partial A_{\sigma\tau}}{\partial x_\varrho} + \frac{\partial A_{\tau\varrho}}{\partial x_\sigma} + \frac{\partial A_{\varrho\sigma}}{\partial x_\tau} . \tag{81}$$

Setzt man in (78) für $A_{\sigma\tau}$ den Fundamentaltensor $g_{\sigma\tau}$ ein, so verschwindet die rechte Seite identisch; analoges gilt für (80) bezüglich $g^{\sigma\tau}$; d. h. die Erweiterungen des Fundamentaltensors verschwinden. Daß dies so sein muß, erkennt man im lokalen Koordinatensystem unmittelbar.

Für den Fall, daß $A^{\sigma\tau}$ antisymmetrisch ist, erhält man aus (80) durch Verjüngung nach τ und ϱ

$$\mathfrak{A}^\sigma = \frac{\partial \mathfrak{A}^{\sigma\tau}}{\partial x_\tau} . \tag{82}$$

Im allgemeinen Fall folgen aus (79) und (80) durch Verjüngung nach τ und ϱ die Gleichungen

$$\mathfrak{A}_\sigma = \frac{\partial \mathfrak{A}_\sigma^\alpha}{\partial x_\alpha} - \Gamma_{\sigma\beta}^\alpha \mathfrak{A}_\alpha^\beta \tag{83}$$

$$\mathfrak{A}^\sigma = \frac{\partial \mathfrak{A}^{\sigma\alpha}}{\partial x_\alpha} + \Gamma_{\alpha\beta}^\sigma \mathfrak{A}^{\alpha\beta} . \tag{84}$$

Der RIEMANNsche Tensor. Ist eine vom Punkte P des Kontinuums nach dem Punkte G reichende Kurve gegeben, so kann man einen in P gegebenen Vektor A^μ längs der gegebenen Kurve parallel bis G verschieben. Ist das Kontinuum ein euklidisches (allgemeiner: sind bei passender Koordinatenwahl die $g_{\mu\nu}$ konstant), so hängt der als Resultat dieser Verschiebung in G erhaltene Vektor nicht ab von der Wahl der P und G verbindenden Kurve. Sonst aber hängt das Ergebnis vom Verschiebungswege ab. In diesem Falle erleidet ein Vektor also dadurch eine Veränderung ΔA^μ (seiner Richtung, nicht seiner Größe), daß er von einem Punkte P einer geschlossenen Kurve aus längs der Kurve nach P zurückgeführt wird. Diese Vektoränderung

$$\Delta A^\mu = \oint \delta A^\mu$$

wollen wir berechnen. Ähnlich wie bei dem Satz von STOKES über das Linienintegral eines Vektors über eine geschlossene Kurve läßt sich das Problem reduzieren auf das der Integration über eine geschlossene Kurve mit unendlich kleinen Lineardimensionen; auf diesen Fall beschränken wir uns.

Man hat zunächst nach (67)

$$\Delta A^{\mu} = - \oint \Gamma^{\mu}_{\alpha\beta} A^{\alpha} dx_{\beta} .$$

Dabei ist $\Gamma^{\mu}_{\alpha\beta}$ der Wert dieser Größe in dem variabeln Punkte G der Integrationsbahn. Setzt man $\xi^{\mu} = (x_{\mu})_G - (x_{\mu})_P$ und bezeichnet man den Wert von $\Gamma^{\mu}_{\alpha\beta}$ in P mit $\overline{\Gamma^{\mu}_{\alpha\beta}}$, so hat man genügend genau

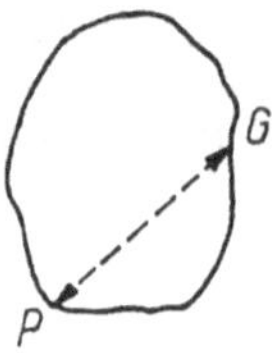

Fig. 4

$$\Gamma^{\mu}_{\alpha\beta} = \overline{\Gamma^{\mu}_{\alpha\beta}} + \frac{\overline{\partial \Gamma^{\mu}_{\alpha\beta}}}{\partial x_{\nu}} \xi^{\nu} .$$

Ferner bedeutet A^{α} den Wert, welcher aus $\overline{A^{\alpha}}$ durch Parallelverschiebung längs der Kurve von P bis G wird. Es ist nun aus (67) leicht zu beweisen, daß $A_{\mu} - \overline{A_{\mu}}$ von der ersten Ordnung unendlich klein ist, während der Wert von ΔA^{μ} für eine Kurve von unendlich kleinen Abmessungen erster Ordnung unendlich klein von zweiter Ordnung ist. Deshalb begeht man einen Fehler nur von zweiter Ordnung, wenn man setzt

$$A^{\alpha} = \overline{A^{\alpha}} - \overline{\Gamma^{\alpha}_{\sigma\tau}}\, \overline{A^{\sigma}}\, \overline{\xi^{\tau}} .$$

Setzt man diese Werte für $\Gamma^{\mu}_{\alpha\beta}$ und A^{α} in das Integral ein, so erhält man bei Beschränkung auf unendlich Kleines zweiter Ordnung

$$\Delta A^{\mu} = - \left(\frac{\partial \Gamma^{\mu}_{\sigma\beta}}{\partial x_{\alpha}} - \Gamma^{\mu}_{\varrho\beta} \Gamma^{\varrho}_{\sigma\alpha} \right) A^{\sigma} \oint \xi^{\alpha} d\xi^{\beta} . \qquad (85)$$

Die aus dem Integral herausgezogenen Größen beziehen sich auf den Punkt P. Zieht man vom Integranden

$\frac{1}{2} d(\xi^\alpha \xi^\beta)$ ab, so erhält man

$$\frac{1}{2} \oint (\xi^\alpha d\xi^\beta - \xi^\beta d\xi^\alpha) .$$

Dieser antisymmetrische Tensor zweiten Ranges $f^{\alpha\beta}$ charakterisiert das durch die Linie gelegte Flächenelement nach Größe und Lage. Wäre die Klammergröße in (85) antisymmetrisch in den Indizes α und β, so könnte man aus (85) deren Tensorcharakter schließen. Man kann dies herbeiführen, indem man die Summationsindizes α und β in (85) vertauscht und die so entstandene Gleichung zu (85) addiert. Man erhält

$$2 \Delta A^\mu = - R^\mu_{\sigma\alpha\beta} A^\sigma f^{\alpha\beta} , \tag{86}$$

wobei

$$R^\mu_{\sigma\alpha\beta} = - \frac{\partial \Gamma^\mu_{\sigma\alpha}}{\partial x_\beta} + \frac{\partial \Gamma^\mu_{\sigma\beta}}{\partial x_\alpha} + \Gamma^\mu_{\varrho\alpha} \Gamma^\varrho_{\sigma\beta} - \Gamma^\mu_{\varrho\beta} \Gamma^\varrho_{\sigma\alpha} . \tag{87}$$

Aus (86) folgt nun der Tensorcharakter von $R^\mu_{\sigma\alpha\beta}$; es ist der RIEMANNsche Krümmungstensor vom vierten Range, auf dessen Symmetrieeigenschaften wir nicht einzugehen brauchen. Sein Verschwinden ist die hinreichende Bedingung dafür, daß das Kontinuum (abgesehen von den Realitätseigenschaften der zu wählenden Koordinaten) ein euklidisches ist.

Durch Verjüngung des RIEMANNschen Tensors nach den Indizes $\mu\,\beta$ erhält man den symmetrischen Tensor zweiten Ranges

$$R_{\mu\nu} = - \frac{\partial \Gamma^\alpha_{\mu\nu}}{\partial x_\alpha} + \Gamma^\alpha_{\mu\beta} \Gamma^\beta_{\nu\alpha} + \frac{\partial \Gamma^\alpha_{\mu\alpha}}{\partial x_\nu} - \Gamma^\alpha_{\mu\nu} \Gamma^\beta_{\alpha\beta} . \tag{88}$$

Die letzten beiden Glieder verschwinden, wenn das Koordinatensystem so gewählt wird, daß $g =$ konst. Aus $R_{\mu\nu}$ kann man den Skalar

$$R = g^{\mu\nu} R_{\mu\nu} \tag{89}$$

bilden.

Geradeste (geodätische) Linie. Man kann eine Linie konstruieren, deren aufeinanderfolgende Elemente durch Parallelverschiebung auseinander hervorgehen (geradeste Linie). Es ist dies die natürliche Verallgemeinerung der Geraden der euklidischen Geometrie. Für eine solche Linie gilt

$$\delta\left(\frac{dx_\mu}{ds}\right) = -\Gamma^\mu_{\alpha\beta}\frac{dx_\alpha}{ds}\,dx_\beta\,.$$

Die linke Seite ist durch $\frac{d^2x_\mu}{ds^2}\,ds$ zu ersetzen[1]), so daß man hat

$$\frac{d^2x_\mu}{ds^2} + \Gamma^\mu_{\alpha\beta}\frac{dx_\alpha}{ds}\frac{dx_\beta}{ds} = 0\,. \qquad (90)$$

Dieselbe Linie erhält man, wenn man diejenige Linie bildet, welche das Integral

$$\int ds \qquad \text{oder} \qquad \int \sqrt{g_{\mu\nu}\,dx_\mu\,dx_\nu}$$

zwischen zwei Punkten zu einem Extremum macht (geodätische Linie).

Allgemeine Relativitätstheorie (Fortsetzung)

Wir sind nun im Besitze der mathematischen Hilfsmittel zur Formulierung der Gesetze der allgemeinen Relativitätstheorie. Es soll für diese Darstellung nicht systematische Geschlossenheit erstrebt werden, sondern die einzelnen Resultate und Möglichkeiten sollen schrittweise aus dem Bekannten und auseinander entwickelt werden. Eine derartige Darstellung ist die dem provi-

[1]) Der Richtungsvektor in dem benachbarten Kurvenpunkte entsteht durch Parallelverschiebung um das Linienelement (dx_β) aus dem Richtungsvektor jedes betrachteten Punktes.

sorischen Stand unserer Kenntnisse am besten angemessene.

Die Bewegung eines materiellen Punktes, auf welchen keine Kräfte wirken, ist nach dem Trägheitsprinzip eine geradlinig-gleichförmige. Im vierdimensionalen Kontinuum der speziellen Relativitätstheorie (mit reeller Zeitkoordinate) ist dies eine relle gerade Linie. Die natürliche, d. h. einfachste Verallgemeinerung der geraden Linie, welche in dem Begriffssystem der allgemeinen (RIEMANNschen) Invariantentheorie sinnvoll ist, ist die geradeste (geodätische) Linie. Wir werden demgemäß im Sinne des Äquivalenzprinzips anzunehmen haben, daß die Bewegung des materiellen Punktes unter der alleinigen Einwirkung der Trägheit und Gravitation durch die Gleichung

$$\frac{d^2 x_\mu}{ds^2} + \Gamma^\mu_{\alpha\beta} \frac{dx_\alpha}{ds} \frac{dx_\beta}{ds} = 0 \tag{90}$$

beschrieben sei. In der Tat geht diese Gleichung in die der Geraden über, wenn die Komponenten $\Gamma^\mu_{\alpha\beta}$ des Gravitationsfeldes alle verschwinden.

Wie hängt diese Gleichung mit NEWTONS Bewegungsgleichung zusammen? Nach der speziellen Relativitätstheorie haben bezüglich eines Inertialsystems (bei reeller Zeitkoordinate und geeigneter Wahl des Vorzeichens von ds^2) die $g_{\mu\nu}$ sowie die $g^{\mu\nu}$ die Werte

$$\left.\begin{matrix} -1 & 0 & 0 & 0 \\ 0 & -1 & 0 & 0 \\ 0 & 0 & -1 & 0 \\ 0 & 0 & 0 & 1 \end{matrix}\right\} \tag{91}$$

Die Bewegungsgleichung wird dann $\frac{d^2 x_\mu}{ds^2} = 0$. Wir wollen dies die „1. Näherung“ für das $g_{\mu\nu}$-Feld nennen. Bei Näherungsbetrachtungen ist es wie in der speziellen Relativitätstheorie oft praktisch, sich einer imaginären x_4-Koordinate zu bedienen, da dann die $g_{\mu\nu}$ in erster

Näherung die Werte

$$\left.\begin{matrix} -1 & 0 & 0 & 0 \\ 0 & -1 & 0 & 0 \\ 0 & 0 & -1 & 0 \\ 0 & 0 & 0 & -1 \end{matrix}\right\} \tag{91a}$$

annehmen, welche in die Beziehung

$$g_{\mu\nu} = -\delta_{\mu\nu}$$

zusammengezogen werden können. In zweiter Näherung haben wir dann zu setzen

$$g_{\mu\nu} = -\delta_{\mu\nu} + \gamma_{\mu\nu}, \tag{92}$$

wobei die $\gamma_{\mu\nu}$ als klein von der ersten Ordnung anzusehen sind.

Beide Glieder unserer Bewegungsgleichung sind dann klein von der ersten Ordnung. Vernachlässigt man Glieder, die relativ zu diesen klein erster Ordnung sind, so hat man zu setzen

$$ds^2 = -\sum dx_\nu^2 = dl^2(1 - q^2) \tag{93}$$

$$\begin{aligned} \Gamma^\mu_{\alpha\beta} &= -\delta_{\mu\sigma}\begin{bmatrix}\alpha\beta\\\sigma\end{bmatrix} = -\begin{bmatrix}\alpha\beta\\\mu\end{bmatrix} \\ &= \frac{1}{2}\left(\frac{\partial\gamma_{\alpha\beta}}{\partial x_\mu} - \frac{\partial\gamma_{\alpha\mu}}{\partial x_\beta} - \frac{\partial\gamma_{\beta\mu}}{\partial x_\alpha}\right). \end{aligned} \tag{94}$$

Wir führen nun noch eine Näherungsbetrachtung in einem zweiten Sinne durch. Die Geschwindigkeit des Massenpunktes sei sehr klein gegen die Lichtgeschwindigkeit. Dann wird ds mit dem Zeitdifferential dl identisch. Ferner verschwinden $\frac{dx_1}{ds}, \frac{dx_2}{ds}, \frac{dx_3}{ds}$ gegen $\frac{dx_4}{ds}$. Ferner wollen wir annehmen, daß das Gravitationsfeld von der Zeit so schwach abhänge, daß die Ableitungen der $\gamma_{\mu\nu}$ nach x_4 vernachlässigt werden dürfen. Dann reduziert sich die Bewegungsgleichung (für $\mu = 1, 2, 3$) auf

$$\frac{d^2x_\mu}{dl^2} = \frac{\partial}{\partial x_\mu}\left(\frac{\gamma_{44}}{2}\right). \tag{90a}$$

Diese Gleichung ist mit NEWTONS Bewegungsgleichung eines Punktes im Schwerefeld in der Tat identisch, wenn man $-\frac{\gamma_{44}}{2}$ mit dem Potential der Schwerkraft identifiziert; ob wir das dürfen, hängt natürlich von den Feldgleichungen der Gravitation ab, d. h. davon, ob diese Größe in erster Näherung demselben Feldgesetz genügt wie das Potential der Gravitation in NEWTONS Theorie. Ein Blick auf (90) und (90a) zeigt, daß die $\Gamma^{\mu}_{\alpha\beta}$ die Rolle der Feldstärke des Gravitationsfeldes spielen. Diese Größen haben nicht Tensorcharakter.

Die Gleichung (90) drückt den Einfluß von Trägheit und Gravitation auf den materiellen Punkt aus. Die Einheit von Trägheit und Gravitation drückt sich formal dadurch aus, daß wohl die ganze linke Seite von (90) Tensorcharakter hat (in bezug auf beliebige Koordinatentransformationen), nicht aber die beiden Glieder einzeln genommen, von denen man in Analogie zu den NEWTONschen Gleichungen das erste als Ausdruck der Trägheit, das zweite als Ausdruck der Gravitationskraft zu betrachten hätte.

Das nächste Ziel, dem wir zustreben müssen, ist das Feldgesetz der Gravitation. Dabei muß uns die POISSONsche Gleichung der NEWTONschen Theorie

$$\Delta\varphi = 4\pi K \varrho$$

zum Muster dienen. Dieser Gleichung liegt der Gedanke zugrunde, daß das Gravitationsfeld durch die Dichte ϱ der ponderabeln Materie erregt wird. So wird es auch in der allgemeinen Relativitätstheorie sein müssen. Die Untersuchungen der speziellen Relativitätstheorie haben uns aber gezeigt, daß an die Stelle des Skalars der Massendichte der Tensor der Energiedichte zu treten hat. In diesem ist nicht nur der Tensor der Energie der ponderabeln Materie, sondern auch der der elektromagnetischen Energie enthalten. Wir haben sogar gesehen, daß unter dem Gesichtspunkte einer tieferen Analyse der Energietensor der Materie nur als ein vorläufiges, wenig tiefgreifendes Darstellungsmittel für die Materie anzusehen ist. In Wahrheit besteht ja die Materie aus elektrischen Elementarteilchen und ist selbst als Teil, ja als der Hauptteil des elektromagnetischen Feldes anzusehen. Nur der Umstand, daß die wahren Gesetze des elektromagnetischen Feldes für sehr intensive Felder noch nicht hinreichend bekannt sind, zwingt uns vorläufig dazu, die wahre Struktur dieses Tensors bei der Darstellung der Theorie unbestimmt zu lassen. Von diesem Gesichtspunkt aus ist es heute das Gegebene, einen Tensor $T_{\mu\nu}$ zweiten Ranges einzuführen von vorläufig unbekannter Struktur, welcher die Energiedichte des elektromagnetischen Feldes und der sogenannten ponderablen Materie einstweilen zusammenfaßt; wir wollen ihn im folgenden als „Energietensor der Materie" bezeichnen.

Gemäß unseren früheren Resultaten drückt sich der Impuls- und Energiesatz dadurch aus, daß die Divergenz dieses Tensors verschwindet [Gleichung (47a)]. Die dieser Gleichung entsprechende allgemein kovariante Gleichung werden wir auch in der allgemeinen Relativitätstheorie als gültig anzusehen haben. Bezeichnet also $(T_{\mu\nu})$ den kovarianten Energietensor der Materie, $\mathfrak{T}_\sigma^\nu$ die zugehörige gemischte Tensordichte, so haben wir gemäß (83) zu fordern, daß

$$0 = \frac{\partial \mathfrak{T}_\sigma^\alpha}{\partial x_\alpha} - \Gamma_{\sigma\beta}^\alpha \mathfrak{T}_\alpha^\beta \qquad (95)$$

sei. Es ist zu bedenken, daß es außer der Energiedichte der Materie auch eine Energiedichte des Gravitationsfeldes geben muß, so daß von einem Erhaltungssatz für die Energie (bzw. des Impulses) *der Materie allein* nicht die Rede sein kann. Mathematisch drückt sich dies durch die Existenz des zweiten Gliedes in (95) aus, welches bewirkt, daß aus (95) nicht die Existenz einer Integralgleichung von der Form der Gleichung (49) geschlossen werden kann. Das Gravitationsfeld überträgt Energie und Impuls auf die „Materie", was durch das zweite Glied in (95) ausgedrückt wird.

Wenn es ein Analogon der POISSONschen Gleichung in der allgemeinen Relativitätstheorie gibt, so muß dies eine Tensorgleichung für den Tensor $g_{\mu\nu}$ des Gravitationspotentials sein, auf deren rechter Seite der Energietensor der Materie figuriert. Auf der linken Seite der Gleichung muß ein Differentialtensor aus den $g_{\mu\nu}$ stehen. Diesen Differentialtensor gilt es zu finden. Er ist völlig bestimmt durch folgende drei Bedingungen:

1. Er soll keine höheren als zweite Differentialquotienten der $g_{\mu\nu}$ enthalten.
2. Er soll in diesen zweiten Differentialquotienten linear sein.
3. Seine Divergenz soll identisch verschwinden.

Die ersten beiden dieser Bedingungen sind natürlich der POISSONschen Gleichung entnommen. Da sich mathematisch erweisen läßt, daß alle derartigen Differentialtensoren algebraisch (d. h. ohne Differentiation) aus dem RIEMANNschen sich bilden lassen, so muß jener Tensor von der Form sein

$$R_{\mu\nu} + \alpha\, g_{\mu\nu} R\,,$$

wobei $R_{\mu\nu}$ und R durch (88) bzw. (89) definiert sind. Es läßt sich ferner beweisen, daß die dritte Bedingung verlangt, daß α den Wert $-\frac{1}{2}$ erhält. So ergibt sich als Feldgesetz der Gravitation die Gleichung

$$R_{\mu\nu} - \frac{1}{2} g_{\mu\nu} R = -\varkappa\, T_{\mu\nu}\,, \tag{96}$$

welche Gleichung die Gleichung (95) zur Folge hat. Hierbei bedeutet $\varkappa$ eine Konstante, welche mit der Gravitationskonstante der NEWTONschen Theorie zusammenhängt.

Ich will im folgenden die physikalisch interessanten Gesichtspunkte der Theorie aufzeigen, unter Verwendung eines Minimums subtilerer mathematischer Methoden. Zuerst muß gezeigt werden, daß die Divergenz der linken Seite wirklich verschwindet. Der Energiesatz der Materie lautet gemäß (83)

$$0 = \frac{\partial \mathfrak{T}_\sigma^\alpha}{\partial x_\alpha} - \Gamma_{\sigma\beta}^\alpha \mathfrak{T}_\alpha^\beta , \tag{97}$$

wobei

$$\mathfrak{T}_\sigma^\alpha = T_{\sigma\tau} g^{\tau\alpha} \sqrt{-g}$$

bedeutet. Die analoge Operation muß — auf die linke Seite von (96) angewendet — zu einer Identität führen.

In der Umgebung eines jeden Weltpunktes gibt es Koordinatensysteme, für welche (bei imaginärer x_4-Koordinate) in dem betrachteten Punkte $g_{\mu\nu} = g^{\mu\nu} = -\delta_{\mu\nu}$ ($= 1$ bzw. $= 0$, je nachdem $\mu = \nu$ oder $\mu \neq \nu$) und die ersten Ableitungen der $g_{\mu\nu}$ und $g^{\mu\nu}$ verschwinden. Für diesen Punkt wollen wir das Verschwinden der Divergenz der linken Seite verifizieren. In ihm verschwinden die Komponenten $\Gamma_{\sigma\beta}^\alpha$, so daß wir nur das Verschwinden von

$$\frac{\partial}{\partial x_\sigma}\left[\sqrt{-g}\, g^{\nu\sigma}\left(R_{\mu\nu} - \frac{1}{2} g_{\mu\nu} R\right)\right]$$

zu beweisen haben. Beim Einsetzen von (88) und (70) in diesen Ausdruck sieht man, daß nur jene Glieder übrigbleiben, in welchen dritte Ableitungen der $g_{\mu\nu}$ auftreten. Da die $g_{\mu\nu}$ durch $-\delta_{\mu\nu}$ zu ersetzen sind, so erhält man nunmehr nur wenige Glieder, von denen man leicht sieht, daß sie einander aufheben. Da die gebildete Größe Tensorcharakter hat, so ist ihr Verschwinden damit auch für jedes andere Koordinatensystem bewiesen, natürlich auch für jeden (vierdimensionalen) Punkt. Der Energiesatz der Materie (97) ist also eine mathematische Folge der Feldgleichungen (96).

Um nun zu erfahren, ob die Gleichungen (96) mit der Erfahrung vereinbar sind, müssen wir vor allem nachsehen, ob sie in erster Näherung zur Newtonschen

Theorie führen. Zu diesem Zweck haben wir diese Gleichungen nach mehreren Gesichtspunkten durch Näherungen zu ersetzen. Wir wissen schon, daß in Gebieten von großer Ausdehnung (Planetensystem) mit gewisser Näherung die EUKLIDische Geometrie und das Gesetz der Konstanz der Lichtgeschwindigkeit gelten. Dies kommt, wenn wir wie in der speziellen Relativitätstheorie die vierte Koordinate imaginär nehmen, darauf hinaus, daß wir setzen

$$g_{\mu\nu} = -\delta_{\mu\nu} + \gamma_{\mu\nu}\,, \tag{98}$$

wobei die $\gamma_{\mu\nu}$ gegen 1 so klein sind, daß wir höhere Potenzen der $\gamma_{\mu\nu}$ (und ihrer Ableitungen) vernachlässigen können. Tun wir dies, so erfahren wir zwar nichts über die Struktur des Gravitationsfeldes bzw. des metrischen Raumes in kosmischen Dimensionen, wohl aber über den Einfluß der nahen Massen auf die physikalischen Erscheinungen.

Bevor wir diese Näherung durchführen, formen wir (96) um. Multipliziert man (96) mit $g^{\mu\nu}$ (und summiert über μ und ν), so erhält man mit Rücksicht auf die aus der Definition der $g^{\mu\nu}$ folgende Relation

$$g_{\mu\nu}\, g^{\mu\nu} = 4$$

die Gleichung

$$R = \varkappa\, g^{\mu\nu}\, T_{\mu\nu} = \varkappa\, T\,.$$

Setzt man diesen Wert von R in (96) ein, so erhält man

$$R_{\mu\nu} = -\varkappa\left(T_{\mu\nu} - \frac{1}{2}\, g_{\mu\nu}\, T\right) = -\varkappa\, T^*_{\mu\nu}\,. \tag{96a}$$

Die Durchführung der genannten Näherung ergibt für die linke Seite

$$-\frac{1}{2}\left(\frac{\partial^2\gamma_{\mu\nu}}{\partial x_\alpha^2} + \frac{\partial^2\gamma_{\alpha\alpha}}{\partial x_\mu\,\partial x_\nu} - \frac{\partial^2\gamma_{\mu\alpha}}{\partial x_\nu\,\partial x_\alpha} - \frac{\partial^2\gamma_{\nu\alpha}}{\partial x_\mu\,\partial x_\alpha}\right)$$

oder

$$-\frac{1}{2}\,\frac{\partial^2\gamma_{\mu\nu}}{\partial x_\alpha^2} + \frac{1}{2}\,\frac{\partial}{\partial x_\nu}\left(\frac{\partial\gamma'_{\mu\alpha}}{\partial x_\alpha}\right) + \frac{1}{2}\,\frac{\partial}{\partial x_\mu}\left(\frac{\partial\gamma'_{\nu\alpha}}{\partial x_\alpha}\right),$$

wobei gesetzt ist

$$\gamma'_{\mu\nu} = \gamma_{\mu\nu} - \frac{1}{2}\gamma_{\sigma\sigma}\,\delta_{\mu\nu}\,. \tag{99}$$

Wir müssen nun beachten, daß die Gleichung (96) für beliebige Koordinatensysteme gilt. Wir haben das Koordinatensystem bereits spezialisiert, indem wir dasselbe so wählten, daß innerhalb des betrachteten Gebietes die $g_{\mu\nu}$ von den konstanten Werten $-\delta_{\mu\nu}$ nur unendlich wenig abweichen. Diese Bedingung bleibt aber bei einer beliebigen infinitesimalen Koordinatentransformation bestehen, so daß wir die $\gamma_{\mu\nu}$ noch vier willkürlichen Relationen unterwerfen dürfen, die nur nicht gegen die Bedingung der Größenordnung der $\gamma_{\mu\nu}$ verstoßen dürfen. Wir verlangen nun, daß das Koordinatensystem so gewählt werde, daß die vier Relationen

$$0 = \frac{\partial \gamma'_{\mu\nu}}{\partial x_\nu} = \frac{\partial \gamma_{\mu\nu}}{\partial x_\nu} - \frac{1}{2}\frac{\partial \gamma_{\sigma\sigma}}{\partial x_\mu} \tag{100}$$

gelten. Dann nimmt (96a) die Form an

$$\frac{\partial^2 \gamma_{\mu\nu}}{\partial x_\alpha^2} = 2\,\varkappa\, T^*_{\mu\nu}\,. \tag{96b}$$

Diese Gleichungen lassen sich in der aus der Elektrodynamik bekannten Weise durch retardierte Potentiale auflösen; man erhält in leicht verständlicher Schreibweise

$$\gamma_{\mu\nu} = -\frac{\varkappa}{2\pi}\int \frac{T^*_{\mu\nu}(x_0, y_0, z_0, t-r)}{r}\,dV_0\,. \tag{101}$$

Um nun zu sehen, in welchem Sinne die Theorie die Newtonsche enthält, müssen wir den Energietensor der Materie genauer betrachten. Phänomenologisch betrachtet, setzt er sich aus dem Energietensor des elektromagnetischen Feldes und dem der Materie im engeren Sinne zusammen. Betrachtet man die verschiedenen Bestandteile des Energietensors ihrer Größe nach, so folgt aus den Ergebnissen der speziellen Relativitätstheorie, daß der Beitrag des elektromagnetischen Feldes praktisch verschwindet neben dem Einfluß der ponderablen Energie. In unserem Maßsystem ist die Energie eines Grammes Materie gleich 1, während die Energien elektrischer Felder dagegen völlig zurücktreten, ebenso die Deformationsenergie der Materie und selbst die chemische Energie. Wir erhalten deshalb eine für unsere Zwecke völlig ausreichende Näherung, wenn wir setzen

$$\left.\begin{aligned} T^{\mu\nu} &= \sigma \frac{dx_\mu}{ds} \frac{dx_\nu}{ds} \\ ds^2 &= g_{\mu\nu}\, dx_\mu\, dx_\nu \end{aligned}\right\} \tag{102}$$

wobei σ die Ruhedichte, d. h. die mit Hilfe des Einheitsmaßes vom Standpunkt eines mitbewegten GALILEIschen Koordinatensystems gemessene Dichte der ponderablen Masse im gewöhnlichen Sinne bedeutet.

Ferner beachten wir, daß wir bei der von uns getroffenen Koordinatenwahl nur einen kleinen relativen Fehler machen, wenn wir die $g_{\mu\nu}$ durch $-\delta_{\mu\nu}$ ersetzen, so daß zu setzen ist

$$ds^2 = -\sum dx_\mu^2\,. \tag{102a}$$

Die bisherigen Entwicklungen gelten für relativ zu dem gewählten quasi-GALILEIschen Koordinatensystem beliebig rasch bewegte felderzeugende Massen. Wir haben es aber in der Astronomie mit Massen zu tun, deren Geschwindigkeiten relativ zum benutzten Koordinatensystem stets sehr klein sind gegenüber der Lichtgeschwindigkeit, d. h. gegen 1 bei der von uns getroffenen Wahl des Zeitmaßes. Wir gelangen daher zu einer für fast alle praktischen Zwecke genügenden Näherung, wenn wir in (101) die retardierten Potentiale durch die gewöhnlichen (nicht retardierten) ersetzen, und wenn wir für die felderzeugenden Massen setzen

$$\frac{dx_1}{ds} = \frac{dx_2}{ds} = \frac{dx_3}{ds} = 0\,, \quad \frac{dx_4}{ds} = \frac{\sqrt{-1}\,dl}{dl} = \sqrt{-1}\,. \tag{103}$$

Dann erhalten wir für $T^{\mu\nu}$ und $T_{\mu\nu}$ die Werte

$$\left.\begin{matrix} 0 & 0 & 0 & 0 \\ 0 & 0 & 0 & 0 \\ 0 & 0 & 0 & 0 \\ 0 & 0 & 0 & -\sigma \end{matrix}\right\} \tag{104}$$

für T den Wert σ, und endlich für $T^*_{\mu\nu}$ die Werte

$$\left.\begin{matrix} \frac{\sigma}{2} & 0 & 0 & 0 \\ 0 & \frac{\sigma}{2} & 0 & 0 \\ 0 & 0 & \frac{\sigma}{2} & 0 \\ 0 & 0 & 0 & -\frac{\sigma}{2} \end{matrix}\right\} \tag{104a}$$

Aus (101) ergibt sich also

$$\left.\begin{aligned} \gamma_{11} = \gamma_{22} = \gamma_{33} &= -\frac{\varkappa}{4\pi}\int\frac{\sigma\,dV_0}{r} \\ \gamma_{44} &= +\frac{\varkappa}{4\pi}\int\frac{\sigma\,dV_0}{r} \end{aligned}\right\} \tag{101a}$$

während alle übrigen $\gamma_{\mu\nu}$ verschwinden. Die letzte dieser Gleichungen in Verbindung mit Gleichung (90a) enthält NEWTONS Theorie der Gravitation. Ersetzt man l durch $c\,t$, so hat man nämlich

$$\frac{d^2x_\mu}{dt^2} = \frac{\varkappa c^2}{8\pi}\frac{\partial}{\partial x_\mu}\left\{\int\frac{\sigma\,dV_0}{r}\right\}. \tag{90b}$$

Man sieht, daß NEWTONS Gravitationskonstante K mit der in unseren Feldgleichungen auftretenden Konstante $\varkappa$

durch die Relation

$$K = \frac{\varkappa c^2}{8\pi} \tag{105}$$

zusammenhängt. Aus dem bekannten numerischen Wert für K folgt demnach

$$\varkappa = \frac{8\pi K}{c^2} = \frac{8\pi \cdot 6{,}67 \cdot 10^{-8}}{9 \cdot 10^{20}} = 1{,}86 \cdot 10^{-27}. \tag{105a}$$

Man sieht aus (101), daß auch in erster Näherung die Struktur des Gravitationsfeldes von derjenigen gemäß NEWTONS Theorie prinzipiell abweicht; es liegt dies daran, daß das Gravitationspotential tensoriellen und nicht skalaren Charakter hat. Daß sich dies nicht längst bemerkbar gemacht hat, kommt davon, daß in die Bewegungsgleichung des Massenpunktes in erster Näherung ausschließlich die Komponente g_{44} eingeht.

Um nun aus unseren Resultaten das Verhalten der Maßstäbe und Uhren beurteilen zu können, hat man folgendes zu beachten. Relativ zu einem kartesischen Bezugssystem von unendlich kleinen Dimensionen und von geeignetem Bewegungszustand (frei fallend und „rotationsfrei") gelten nach dem Äquivalenzprinzip die Maßrelationen der euklidischen Geometrie. Man darf dies auch noch behaupten für (relativ zu solchen) hinreichend schwach beschleunigte lokale Koordinatensysteme, also auch für solche, welche relativ zu dem von uns gewählten Koordinatensystem in Ruhe sind. Für ein solches lokales System gilt (für zwei benachbarte Punktereignisse)

$$ds^2 = -dX_1^2 - dX_2^2 - dX_3^2 + dT^2 = -dS^2 + dT^2,$$

wobei dS direkt mit dem Maßstab, dT direkt mit einer relativ zum System ruhend angeordneten Einheitsuhr gemessen ist (natürlich gemessene Längen und Zeiten). Da ds^2 andererseits in den für endliche Räume benutzten Koordinaten x_ν bekannt ist in der Form

$$ds^2 = g_{\mu\nu}\, dx_\mu\, dx_\nu\,,$$

so hat man die Möglichkeit, die Beziehung zwischen natürlich gemessenen Längen und Zeiten einerseits und den zugehörigen Koordinatendifferenzen andererseits zu bestimmen. Setzt man gemäß (102)

$$ds^2 = -\left(1 + \frac{\varkappa}{4\pi}\int\frac{\sigma\, dV_0}{r}\right)(dx_1^2 + dx_2^2 + dx_3^2)$$
$$+ \left(1 - \frac{\varkappa}{4\pi}\int\frac{\sigma\, dV_0}{r}\right)dl^2,$$

so erhält man durch Spaltung dieses Ausdruckes in dem rein räumlichen und rein zeitlichen Bestandteil mit hinreichender Näherung

$$\left.\begin{aligned}\sqrt{dX_1^2 + dX_2^2 + dX_3^2} &= \left(1 + \frac{\varkappa}{8\pi}\int\frac{\sigma\, dV_0}{r}\right)\\ &\quad\times\sqrt{dx_1^2 + dx_2^2 + dx_3^2}\\ dT &= \left(1 - \frac{\varkappa}{8\pi}\int\frac{\sigma\, dV_0}{r}\right)dl\end{aligned}\right\} \quad (106)$$

Der Einheitsmaßstab hat also die Koordinatenlänge $1 - \frac{\varkappa}{8\pi}\int\frac{\sigma\, dV_0}{r}$ in bezug auf das von uns gewählte Koordinatensystem. Unsere besondere Koordinatenwahl bringt es mit sich, daß diese Koordinatenlänge nur vom Orte, nicht aber von der Richtung abhängt. Bei anderer Koordinatenwahl wäre dies anders. Unabhängig von der Koordinatenwahl ist aber, daß die Lagerungsgesetze starrer Stäbe nicht mit denjenigen der euklidischen Geometrie übereinstimmen; d. h. man kann es nicht durch geeignete Koordinatenwahl erreichen, daß die den Enden eines irgendwie gelagerten Einheitsmaßstabes entsprechenden Koordinatendifferenzen Δx_1, Δx_2, Δx_3 stets die Relation $\Delta x_1^2 + \Delta x_2^2 + \Delta x_3^2 = 1$ erfüllen. In diesem Sinne ist der Raum kein Euklidischer, sondern ein „gekrümmter". Aus der zweiten der obigen Relationen folgt, daß dem Intervall zweier Schläge der Einheitsuhr ($dT = 1$) in unserem Koordinatenmaß die „Zeit“ $1 + \frac{\varkappa}{8\pi}\int \frac{\sigma\, dV_0}{r}$ entspricht. Die Ganggeschwindigkeit einer Uhr ist also desto geringer, je mehr ponderable Massen in ihrer Nähe sind. Der Ablauf aller Vorgänge, die einen bestimmten Eigenrhythmus haben, wird also durch in der Umgebung befindliche ponderable Massen verlangsamt. So kann man schließen, daß die Spektrallinien, welche an der Sonnenoberfläche erzeugt werden, gegenüber den auf der Erde erzeugten entsprechenden eine relative Rotverschiebung um etwa $2 \cdot 10^{-6}$ ihrer Wellenlänge erfahren müssen. Dieser wichtigen Konsequenz der Theorie schien anfangs die Erfahrung zu widersprechen; die Ergebnisse der letzten Jahre machten aber die Existenz dieses Effektes immer wahrscheinlicher, und es ist kaum mehr zu bezweifeln, daß die nächsten Jahre seine zuverlässige Bestätigung bringen werden.

Eine weitere wichtige, der Erfahrung zugängliche Konsequenz der Theorie betrifft den Gang der Lichtstrahlen. Relativ zu einem lokalen Inertialsystem ist auch nach der allgemeinen Relativitätstheorie die Lichtgeschwindigkeit überall die gleiche ($= 1$ bei dem von uns gewählten natürlichen Zeitmaß). Das Gesetz der Lichtfortpflanzung in allgemeinen Koordinaten ist also auch der allgemeinen Relativitätstheorie durch die Gleichung

$$ds^2 = 0$$

charakterisiert. In der von uns untersuchten Näherung und bei der von uns getroffenen Koordinatenwahl ist also die Lichtgeschwindigkeit gemäß (106) durch die Gleichung

$$\left(1 + \frac{\varkappa}{4\pi}\int \frac{\sigma\, dV_0}{r}\right)(dx_1^2 + dx_2^2 + dx_3^2) = \left(1 - \frac{\varkappa}{4\pi}\int \frac{\sigma\, dV_0}{r}\right) dl^2$$

charakterisiert. Die Lichtgeschwindigkeit L ist also in unseren Koordinaten ausgedrückt durch die Gleichung

$$L = \frac{\sqrt{dx_1^2 + dx_2^2 + dx_3^2}}{dl} = 1 - \frac{\varkappa}{4\pi}\int \frac{\sigma\, dV_0}{r}. \quad (107)$$

Hieraus kann der Schluß gezogen werden, daß ein in der Nähe einer großen Masse vorbeistreichender Lichtstrahl eine Ablenkung erfährt. Denken wir uns die Sonne im Anfangspunkt des Koordinatensystems gelagert (Masse M), so wird ein in der $x_1 - x_3$-Ebene im Abstand Δ parallel zur x_3-Achse vorbeistreichender Lichtstrahl im ganzen die Ablenkung

$$\alpha = \int_{-\infty}^{+\infty} \frac{1}{L}\frac{\partial L}{\partial x_1}\, dx_3$$

nach der Sonne hin erleiden. Die Ausführung des Integrals ergibt

$$\alpha = \frac{\varkappa M}{2\pi\Delta}. \quad (108)$$

Die Existenz dieser Ablenkung, welche für Δ = Sonnenradius 1,7″ betragen soll, ist bekanntlich durch die englische Sonnenfinsternis-Expedition von 1919 mit bemerkenswerter Näherung bestätigt worden, und es sind sorgfältige Vorbereitungen getroffen, um bei der totalen Sonnenfinsternis von 1922 noch exakteres Beobachtungsmaterial zu gewinnen. Es sei bemerkt, daß auch dies Ergebnis der Theorie von der Willkür, welche unserer Koordinatenwahl anhaftet, nicht berührt wird.

Hier ist der Ort für eine Besprechung der dritten mit der Erfahrung vergleichbaren Konsequenz der Theorie, welche die Perihelbewegung des Planeten Merkur betrifft. Die säkulare Änderung der Planetenbahnen ist mit solcher Präzision bekannt, daß für den Vergleich der Theorie mit der Erfahrung die von uns bisher betrachtete Näherung nicht mehr genügt. Es ist vielmehr nötig, auf die allgemeinen Feldgleichungen (96) zurückzugehen. Ich bediente mich zur Lösung dieses Problems der Methode sukzessiver Approximation. Seitdem ist aber das Problem des zentral-symmetrischen statischen Gravitationsfeldes von SCHWARZSCHILD und anderen streng gelöst worden; besonders elegant ist die Ableitung, welche H. WEYL in seinem Buche Raum–Zeit–Materie gegeben hat. Die Rechnung kann dadurch etwas vereinfacht werden, daß man sie nicht direkt auf Gleichung (96), sondern auf ein dieser äquivalentes Variationsprinzip gründet; wir deuten dieselbe nur insoweit an, als für das Verständnis der Methode nötig ist.

Im Falle eines statischen Feldes muß ds^2 die Form haben

$$\left.\begin{aligned} ds^2 &= -\,d\sigma^2 + f^2\,dx_4^2 \\ d\sigma^2 &= \sum_{1-3} \gamma_{\alpha\beta}\,dx_\alpha\,dx_\beta \end{aligned}\right\} \qquad (109)$$

wobei die Summation auf der rechten Seite der letzten Gleichung nur über die räumlichen Variabeln zu erstrecken ist. Die Zentralsymmetrie des Feldes bedingt, daß die $\gamma_{\mu\nu}$ von der Form sein müssen

$$\gamma_{\alpha\beta} = \mu\,\delta_{\alpha\beta} + \lambda\,x_\alpha\,x_\beta\,. \qquad (110)$$

f^2, μ und λ sind hierbei Funktionen von

$$r\left(=\sqrt{x_1^2 + x_2^2 + x_3^2}\right)$$

allein. Von diesen drei Funktionen kann wegen der a priori vollständigen Willkür des Koordinatensystems eine willkürlich gewählt werden; denn man kann stets durch eine Substitution

$$\begin{aligned} x_4' &= x_4 \\ x_\alpha' &= F(r)\,x_\alpha \end{aligned}$$

erreichen, daß *eine* dieser drei Funktionen eine vorgegebene Funktion von r' wird. Man kann deshalb an Stelle von (110) ohne Beschränkung der Allgemeinheit setzen

$$\gamma_{\alpha\beta} = \delta_{\alpha\beta} + \lambda\,x_\alpha\,x_\beta\,. \qquad (110a)$$

Damit sind die $g_{\mu\nu}$ durch die beiden Größen λ und f ausgedrückt. Diese sind dann durch Einsetzen in die Gleichungen (96) als Funktionen von r zu bestimmen, indem man zunächst aus (109), (110a) die $\Gamma^\sigma_{\mu\nu}$ berechnet. Es folgt

$$\left.\begin{aligned} \Gamma^\sigma_{\alpha\beta} &= \frac{1}{2}\frac{x_\sigma}{r}\cdot\frac{\lambda' x_\alpha x_\beta + 2\lambda r \delta_{\alpha\beta}}{1+\lambda r^2} \\ &\qquad\qquad (\text{für } \alpha, \beta, \sigma = 1, 2, 3) \\ \Gamma^4_{44} &= \Gamma^\alpha_{4\beta} = \Gamma^4_{\alpha\beta} = 0 \\ &\qquad\qquad (\text{für } \alpha, \beta = 1, 2, 3) \\ \Gamma^4_{4\alpha} &= \frac{1}{2} f^{-2}\frac{\partial f^2}{\partial x_\alpha}, \quad \Gamma^\alpha_{44} = -\frac{1}{2} f^{-2}\frac{\partial f^2}{\partial x_\alpha} \end{aligned}\right\} \qquad (110\text{b})$$

Die Feldgleichungen ergeben dann auf Grund dieses Ansatzes die SCHWARZSCHILDsche Lösung

$$\begin{aligned} ds^2 &= \left(1 - \frac{A}{r}\right) dl^2 \\ &\quad - \left[\frac{dr^2}{1 - \frac{A}{r}} + r^2 (\sin^2\vartheta\, d\varphi^2 + d\vartheta^2)\right] \end{aligned} \qquad (109\text{a})$$

wobei gesetzt ist

$$\left.\begin{aligned} x_4 &= l \\ x_1 &= r \sin\vartheta \sin\varphi \\ x_2 &= r \sin\vartheta \cos\varphi \\ x_3 &= r \cos\vartheta \\ A &= \frac{\varkappa M}{4\pi} \end{aligned}\right\} \qquad (109\text{b})$$

M bedeutet die um den Koordinatenursprung zentrisch symmetrisch gelagerte Sonnenmasse; die Lösung (109a) gilt nur außerhalb dieser Masse, wo alle $T_{\mu\nu}$ verschwinden. Findet die Planetenbewegung in der

$x_1 - x_2$-Ebene statt, so ist (109a) durch

$$ds^2 = \left(1 - \frac{A}{r}\right) dl^2 - \frac{dr^2}{1 - \frac{A}{r}} - r^2 \, d\varphi^2 \tag{109c}$$

zu ersetzen.

Die Berechnung der Planetenbewegung stützt sich auf Gleichung (90). Aus der ersten der Gleichungen (110b) und (90) folgt für die Indizes 1, 2, 3

$$\frac{d}{ds}\left(x_\alpha \frac{dx_\beta}{ds} - x_\beta \frac{dx_\alpha}{ds}\right) = 0$$

oder — integriert und in Polarkoordinaten ausgedrückt —

$$r^2 \frac{d\varphi}{ds} = \text{konst.} \tag{111}$$

Ferner folgt aus (90) für $\mu = 4$

$$0 = \frac{d^2 l}{ds^2} + \frac{1}{f^2} \frac{df^2}{dx_\alpha} \frac{dx_\alpha}{ds} \frac{dl}{ds} = \frac{d^2 l}{ds^2} + \frac{1}{f^2} \frac{df^2}{ds} \frac{dl}{ds},$$

woraus durch Multiplikation mit f^2 und Integration folgt

$$f^2 \frac{dl}{ds} = \text{konst.} \tag{112}$$

In (109c), (111) und (112) hat man drei Gleichungen zwischen den vier Variabeln s, r, l, φ, aus welchen man die Planetenbewegung auf demselben Wege wie in der klassischen Mechanik rechnerisch ableiten kann. Als wichtigstes Resultat ergibt sich hierbei eine säkulare Drehung der Planetenellipse im Sinne der Umlaufbewegung, welche pro Planetenumlauf im absoluten Winkelmaß

$$\frac{24 \pi^3 a^2}{(1 - e^2) c^2 T^2} \tag{113}$$

beträgt, wobei

a die große Halbachse der Planetenbahn in Zentimetern,
e die numerische Exzentrizität in Zentimetern,
c $= 3 \cdot 10^{10}$ die Vakuumlichtgeschwindigkeit,
T die Umlaufdauer in Sekunden

bedeutet. Dieser Ausdruck liefert die Erklärung für die seit hundert Jahren (seit LEVERRIER) bekannte Perihelbewegung des Planeten Merkur von etwa 42″ in hundert Jahren, welche die theoretische Astronomie bisher nicht in befriedigender Weise zu deuten vermochte.

Es bietet keine Schwierigkeit, die MAXWELLsche Theorie des elektromagnetischen Feldes der allgemeinen Relativitätstheorie einzugliedern, und zwar unter Verwendung der Tensorbildungen (81), (82) und (77). Ist nämlich φ_μ ein als elektromagnetisches Viererpotential zu deutender Tensor vom ersten Range, so kann man einen elektromagnetischen Feldtensor $\varphi_{\mu\nu}$ definieren durch die Relation

$$\varphi_{\mu\nu} = \frac{\partial \varphi_\mu}{\partial x_\mu} - \frac{\partial \varphi_\nu}{\partial x_\mu}. \tag{114}$$

Das zweite MAXWELLsche Gleichungssystem ist dann definiert durch die hieraus resultierende Tensorgleichung

$$\frac{\partial \varphi_{\mu\nu}}{\partial x_\varrho} + \frac{\partial \varphi_{\nu\varrho}}{\partial x_\mu} + \frac{\partial \varphi_{\varrho\mu}}{\partial x_\nu} = 0 \tag{114a}$$

das erste MAXWELLsche Gleichungssystem durch die Tensordichtenrelation

$$\frac{\partial \mathfrak{F}^{\mu\nu}}{\partial x_\nu} = \mathfrak{J}^\mu, \tag{115}$$

wobei

$$\mathfrak{F}^{\mu\nu} = \sqrt{-g}\, g^{\mu\sigma} g^{\nu\tau} \varphi_{\sigma\tau}$$

$$\mathfrak{J}^\mu = \sqrt{-g}\, \varrho \frac{dx_\nu}{ds}.$$

Setzt man in die rechte Seite von (96) den Energietensor des elektromagnetischen Feldes ein, so erhält man (115) für den Spezialfall $\mathfrak{J}^{\mu} = 0$ als Konsequenz von (96) durch Divergenzbildung. Diese Einordnung der Elektrizitätstheorie in das Schema der allgemeinen Relativitätstheorie ist von vielen Theoretikern als äußerlich und unbefriedigend empfunden worden. Auch konnte man auf diese Weise das Gleichgewicht der ein elektrisches Elementarteilchen konstituierenden Elektrizität nicht begreifen. Es wäre eine Theorie weit vorzuziehen, welche das Gravitationsfeld und das elektromagnetische Feld zusammen als eine Wesenseinheit erscheinen ließe. H. Weyl und neuerdings Th. Kaluza haben in dieser Richtung geistreiche theoretische Ansätze gefunden, von denen ich jedoch überzeugt bin, daß sie uns nicht der wahren Lösung dieses Kernproblems näher bringen. Ich will hier auf diese Fragen nicht näher eingehen, sondern nur noch dem sogenannten kosmologischen Problem eine kurze Überlegung widmen, weil ohne dessen Erwägung die Betrachtungen über allgemeine Relativität in gewissem Sinne unbefriedigend bleiben müssen.

Unseren bisherigen auf die Feldgleichungen (96) gegründeten Betrachtungen lag die Auffassung zugrunde, daß der Raum im großen ganzen Galileisch-Euklidisch sei, und daß dieser Charakter nur durch eingelagerte Massen gestört sei. Diese Auffassung war sicher auch gerechtfertigt, solange wir nur Räume von der Größenordnung der in der Astronomie gewöhnlich betrachteten Räume ins Auge faßten. Ob aber auch beliebig große Teile des Weltalls quasi-Euklidisch sind, ist eine ganz andere Frage. Man macht sich dies leicht an dem schon mehrfach herangezogenen Beispiel der Flächentheorie klar. Wenn ein ins Auge gefaßtes Stück einer Fläche praktisch eben ist, so folgt daraus nicht, daß die ganze Fläche die Grundgestalt einer Ebene habe; die Fläche könnte z. B. ebensogut eine Kugelfläche von hinreichend großem Radius sein. Die Frage, ob die Welt im

Großen in geometrischer Hinsicht nicht-EUKLIDisch sei, ist schon vor der Relativitätstheorie vielfach diskutiert worden. Aber durch die Relativitätstheorie tritt diese Frage insofern in ein neues Stadium, als nach ihr das geometrische Verhalten der Körper nicht *selbständig* ist, sondern von der Verteilung der Massen abhängt.

Wäre die Welt quasi-EUKLIDisch, so hätte MACH mit seinem Gedanken, daß die Trägheit ebenso wie die Gravitation auf einer Art Wechselwirkung der Körper beruhe, vollständig unrecht gehabt. Denn in diesem Falle wären (bei passend gewähltem Koordinatensystem) die $g_{\mu\nu}$ im Unendlichen konstant, wie gemäß der speziellen Relativitätstheorie, und die Werte der $g_{\mu\nu}$ würden bei passender Koordinatenwahl im Endlichen nur wenig von diesen konstanten Werten abweichen, infolge des Einflusses der im Endlichen befindlichen Materie. Die physikalischen Eigenschaften des Raumes wären dann zwar nicht *ganz* selbständig, d. h. unbeeinflußt von der Materie, aber in der Hauptsache selbständig und nur in geringem Maße durch die Materie bedingt. Eine derartige dualistische Auffassung ist an sich schon wenig befriedigend; es sprechen aber einige gewichtige physikalische Gründe dagegen, mit denen wir uns einzeln beschäftigen wollen.

Die Hypothese, daß die Welt unendlich und im Unendlichen EUKLIDisch sei, ist vom relativistischen Standpunkt aus eine komplizierte Hypothese. In der Sprache der allgemeinen Relativitätstheorie verlangt sie nämlich, daß im Unendlichen der RIEMANNsche Tensor vierten Ranges R_{iklm} verschwinde (20 unabhängige Bedingungen), während in dem Gesetz des Gravitationsfeldes nur die 10 Krümmungskomponenten $R_{\mu\nu}$ auftreten. Es ist gewiß unbefriedigend, ohne physikalische Gründe eine so weitgehende Beschränkung zu postulieren.

Zweitens aber macht es die Relativitätstheorie wahrscheinlich, daß MACH auf dem richtigen Wege gewesen ist mit seinem Gedanken, daß die Trägheit auf einer

Wechselwirkung der Materie beruhe. Wir wollen nämlich im folgenden zeigen, daß nach unseren Gleichungen träge Massen (wenn auch sehr schwach) im Sinne der Relativitätstheorie aufeinander wirken. Was muß im Sinne des MACHschen Gedankens erwartet werden?

1. Die Trägheit eines Körpers muß zunehmen, wenn man ponderable Massen in seiner Umgebung anhäuft.
2. Ein Körper muß eine beschleunigende Kraft erfahren, wenn man Massen in seiner Umgebung beschleunigt, und zwar muß die Kraft mit jener Beschleunigung gleichgerichtet sein.
3. Ein rotierender Hohlkörper muß in seinem Innern sowohl ein „CORIOLIS-Feld" erzeugen, welches bewegte Körper im Sinne der Rotation ablenkt, als auch ein radiales Zentrifugalfeld.

Wir werden nun zeigen, daß nach unserer Theorie diese drei nach MACHS Gedanken zu erwartenden Effekte tatsächlich vorhanden sein müssen, allerdings in so kleinem Betrage, daß an eine Bestätigung durch Laboratoriumsexperimente nicht gedacht werden kann. Zu diesem Zweck gehen wir auf die Bewegungsgleichung (90) des materiellen Punktes zurück und führen die Approximation etwas weiter, als es durch die Gleichung (90a) geschehen ist.

Zunächst betrachten wir γ_{44} als klein erster Ordnung. Von gleicher Ordnung ist gemäß der Energiegleichung das Geschwindigkeitsquadrat der unter dem Einfluß der Gravitationskräfte bewegten Massen. Es ist also logisch, wenn wir die Geschwindigkeiten sowohl des betrachteten Massenpunktes als auch die der felderzeugenden Massen als klein von der Ordnung 1/2 betrachten. Wir wollen nun die Näherung des aus der Feldgleichung (101) und der Bewegungsgleichung (90) bestehenden Komplexes so weit treiben, daß wir im zweiten Gliede von (90) noch jene Glieder berücksichtigen, welche in jenen Geschwindigkeiten linear abhängen. Ferner wollen wir nicht mehr ds und dl einander gleich setzen, sondern — wie es einer weitergehenden Näherung entspricht —

$$ds = \sqrt{-g_{44}}\,dl = \left(1 - \frac{\gamma_{44}}{2}\right) dl$$

setzen. Man erhält dann aus (90) zunächst

$$\frac{d}{dl}\left[\left(1 + \frac{\gamma_{44}}{2}\right)\frac{dx_\mu}{dl}\right] = -\Gamma^\mu_{\alpha\beta}\frac{dx_\alpha}{dl}\frac{dx_\beta}{dl}\left(1 + \frac{\gamma_{44}}{2}\right). \quad (116)$$

Aus (101) erhalten wir im Sinne der erstrebten Näherung

$$\left.\begin{aligned} -\gamma_{11} = -\gamma_{22} = -\gamma_{33} = \gamma_{44} &= \frac{\varkappa}{4\pi}\int\frac{\sigma\, dV_0}{r} \\ \gamma_{4\alpha} &= -\frac{i\varkappa}{2}\int\frac{\sigma\frac{dx_\alpha}{ds}dV_0}{r} \\ \gamma_{\alpha\beta} &= 0 \end{aligned}\right\} \quad (117)$$

wobei in (117) α, β nur die räumlichen Indizes bedeuten.

Auf der rechten Seite von (116) können wir $1 + \frac{\gamma_{44}}{2}$ durch 1 und $-\Gamma^{\alpha\beta}_\mu$ durch $\begin{bmatrix}\alpha\beta\\\mu\end{bmatrix}$ ersetzen. Ferner ist leicht zu sehen, daß wir für diese Näherung zu setzen haben

$$\begin{bmatrix}44\\\mu\end{bmatrix} = -\frac{1}{2}\frac{\partial\gamma_{44}}{\partial x_\mu} + \frac{\partial\gamma_{4\mu}}{\partial x_4}$$

$$\begin{bmatrix}\alpha 4\\\mu\end{bmatrix} = \frac{1}{2}\left(\frac{\partial\gamma_{4\mu}}{\partial x_\alpha} - \frac{\partial x_{4\alpha}}{\partial x_\mu}\right)$$

$$\begin{bmatrix}\alpha\beta\\\mu\end{bmatrix} = 0\,,$$

wobei α, β und μ räumliche Indizes bedeuten. Wir erhalten daher aus (116) in gewöhnlicher Vektorschreibweise

$$\left.\begin{aligned} \frac{d}{dl}[(1+\bar{\sigma})\,\mathfrak{v}] &= \operatorname{grad}\bar{\sigma} + \frac{\partial\mathfrak{A}}{\partial l} + [\operatorname{rot}\mathfrak{A},\mathfrak{v}] \\ \bar{\sigma} &= \frac{\varkappa}{8\pi}\int\frac{\sigma\,dV_0}{r} \\ \mathfrak{A} &= \frac{\varkappa}{2\pi}\int\frac{\sigma\frac{dx_\alpha}{dl}\,dV_0}{r} \end{aligned}\right\} \tag{118}$$

Die Bewegungsgleichungen (118) zeigen nun in der Tat, daß

1. die träge Masse proportional ist zu $1+\bar{\sigma}$, also bei Annäherung von ponderablen Massen an den Probekörper zunimmt,
2. daß eine gleichsinnige Induktionswirkung beschleunigter Massen auf den Probekörper stattfindet $\left(\text{Glied } \frac{\partial\mathfrak{A}}{\partial l}\right)$,
3. daß im Innern eines rotierenden Hohlkörpers ein senkrecht zur Rotationsachse bewegter Massenpunkt im Sinne der Rotation des Hohlkörpers abgelenkt wird (CORIOLIS-Feld). Die oben noch angeführte Zentrifugalwirkung im Innern von rotierenden Hohlkörpern folgt, wie Herr THIRRING gezeigt hat, ebenfalls aus der Theorie[1]).

Wenn nun alle diese Effekte wegen der Kleinheit von $\varkappa$ dem Experiment auch unzugänglich sind, so sind sie doch nach der allgemeinen Relativitätstheorie sicher vorhanden. Man muß darin eine starke Stütze des

[1]) Daß die Zentrifugalwirkung mit der Existenz des CORIOLIS-Feldes unzertrennlich verbunden sein muß, erkennt man auch ohne Rechnung an dem Spezialfall des relativ zu einem Inertialsystem gleichförmig rotierenden Koordinatensystems, welcher Fall unseren allgemein kovarianten Gleichungen natürlich genügen muß.

Machschen Gedankens von der Relativität aller Trägheitswirkungen ansehen. Denkt man diesen Gedanken konsequent zu Ende, so muß man erwarten, daß die *ganze* Trägheit, d. h. das *ganze* $g_{\mu\nu}$-Feld durch die Materie der Welt bestimmt sei, nicht aber in der Hauptsache durch Grenzbedingungen im Unendlichen.

Für eine befriedigende Auffassung des $g_{\mu\nu}$-Feldes in kosmischen Dimensionen erscheint die Tatsache von Bedeutung, daß die Relativgeschwindigkeit der Sterne klein ist gegen die Lichtgeschwindigkeit. Hieraus folgt, daß bei passender Koordinatenwahl g_{44} in der Welt nahezu konstant ist, zum mindesten in dem Teile der Welt, in welchem sich Materie befindet. Es erscheint außerdem die Annahme natürlich, daß es in allen Gegenden der Welt Sterne gibt, so daß wir wohl annehmen dürfen, die Inkonstanz von g_{44} entspreche einzig dem Umstande, daß die Materie nicht kontinuierlich verteilt, sondern in einzelnen Himmelskörpern und Systemen von solchen kondensiert ist. Wenn wir von diesen mehr lokalen Ungleichmäßigkeiten der Materiendichte und des $g_{\mu\nu}$-Feldes absehen wollen, um etwas über die geometrische Beschaffenheit der Welt im Großen zu erfahren, so erscheint es natürlich, an die Stelle der wirklichen Massenverteilung eine kontinuierliche, und zwar eine solche mit konstanter Dichte σ zu setzen. In dieser fingierten Welt werden alle Punkte und räumlichen Richtungen geometrisch gleichwertig sein; sie wird also in ihren räumlichen Ausdehnungen von konstantem Krümmungsmaße und bezüglich der x_4-Koordinate zylindrisch sein. Besonders befriedigend erscheint die Möglichkeit, daß die Welt räumlich geschlossen, also (gemäß unserer Annahme von der Konstanz von σ) von konstanter Krümmung, und zwar sphärisch oder elliptisch sei, weil dann die vom Standpunkte der allgemeinen Relativitätstheorie so unbequemen Grenzbedingungen für das Unendliche durch die viel natürlichere Geschlossenheitsbedingung zu ersetzen wäre.

Nach dem Gesagten haben wir anzusetzen

$$ds^2 = dx_4^2 - \gamma_{\mu\nu}\, dx_\mu\, dx_\nu\,, \tag{119}$$

wobei die Indizes μ und ν nur von 1 bis 3 laufen. Die $\gamma_{\mu\nu}$ wären solche Funktionen von x_1, x_2, x_3, wie es einem dreidimensionalen Kontinuum von konstanter positiver Krümmung entspricht. Wir werden zu untersuchen haben, ob ein solcher Ansatz den Feldgleichungen der Gravitation Genüge leisten kann.

Um dies untersuchen zu können, müssen wir eine elementare Zwischenbetrachtung über die Differentialbedingungen einschalten, welcher die dreidimensionalen Mannigfaltigkeiten konstanten Krümmungsmaßes genügen. Eine sphärische Mannigfaltigkeit von drei Dimensionen, eingebettet in ein Euklidisches Kontinuum[1]) von vier Dimensionen, ist gegeben durch die Gleichungen

$$x_1^2 + x_2^2 + x_3^2 + x_4^2 = a^2$$
$$dx_1^2 + dx_2^2 + dx_3^2 + dx_4^2 = ds^2\,.$$

Durch Elimination von x_4 erhält man

$$ds^2 = dx_1^2 + dx_2^2 + dx_3^2 + \frac{(x_1\, dx_1 + x_2\, dx_2 + x_3\, dx_3)^2}{a^2 - x_1^2 - x_2^2 - x_3^2}\,.$$

Bis auf Glieder in den x_ν vom dritten und höheren Grade kann man also für die Umgebung des Koordinatenursprungs setzen

$$ds^2 = \left(\delta_{\mu\nu} + \frac{x_\mu\, x_\nu}{a^2}\right) dx_\mu\, dx_\nu\,.$$

Die Klammergröße stellt die $g_{\mu\nu}$ der Mannigfaltigkeit in der Umgebung des Nullpunktes dar. Da die ersten Ableitungen der $g_{\mu\nu}$ im Nullpunkt verschwinden, also auch die $\Gamma^\sigma_{\mu\nu}$, ist die Berechnung der $R_{\mu\nu}$ dieser Mannigfaltigkeit nach (88) im Nullpunkt sehr einfach. Man

---

[1]) Die Zuhilfenahme einer vierten räumlichen Dimension hat natürlich nur die Bedeutung eines rechnerischen Kunstgriffes.

erhält

$$R_{\mu\nu} = \frac{2}{a^2}\delta_{\mu\nu} = \frac{2}{a^2}g_{\mu\nu}.$$

Da die Beziehung $R_{\mu\nu} = \frac{2}{a^2} g_{\mu\nu}$ allgemein kovariant ist, und alle Punkte der Mannigfaltigkeit geometrisch gleichwertig sind, so gilt die Beziehung für jedes Koordinatensystem und überall in der Mannigfaltigkeit. Um Verwechslung mit dem vierdimensionalen Kontinuum zu vermeiden, wollen wir im folgenden die auf das dreidimensionale Kontinuum bezüglichen Größen durch griechische Buchstaben bezeichnen und setzen

$$P_{\mu\nu} = \frac{2}{a^2}\gamma_{\mu\nu}. \tag{120}$$

Nun gehen wir dazu über, die Feldgleichungen (96) auf unseren Spezialfall anzuwenden. Man erhält nach (119) für die vierdimensionale Mannigfaltigkeit

$$\left.\begin{aligned} &R_{\mu\nu} = P_{\mu\nu} \text{ für die Indizes 1 bis 3} \\ &R_{14} = R_{24} = R_{34} = R_{44} = 0 \end{aligned}\right\} \tag{121}$$

In die rechte Seite von (96) ist der Energietensor für staubartig verteilte Materie einzusetzen. Nach dem Bisherigen müßte also gesetzt werden.

$$T^{\mu\nu} = \sigma\frac{dx_\mu}{ds}\frac{dx_\nu}{ds},$$

spezialisiert auf den Fall der Ruhe. Wir fügen aber noch ein Druckglied hinzu, das sich physikalisch wie folgt begründen läßt. Die Materie besteht aus elektrischen Elementarteilchen. Diese können auf der Basis der MAXWELLschen Theorie nicht singularitätsfrei als elektromagnetische Felder aufgefaßt werden; man braucht in MAXWELLS Theorie nicht enthaltene energetische Terme, um der Tatsache gerecht zu werden, daß das einzelne Elementarteilchen trotz der abstoßenden Wirkung seiner gleichnamig geladenen Teile aufeinander Bestand habe. POINCARÉ hat daher, um dieser Tatsache irgendwie vorläufig gerecht zu werden, im Innern dieser Teilchen einen Unterdruck angenommen, welcher die elektrostatische Abstoßung kompensieren soll. Es kann nun nicht behauptet werden, daß dieser Druck außerhalb der Elementarteilchen verschwinde. Diesem Umstand werden wir in unserer phänomenologischen Darstellung dadurch gerecht, daß wir der Materie ein Druckglied beifügen. Dieses ist aber nicht mit dem Druck der Hydrodynamik zu verwechseln, der ja nur zur energetischen Darstellung dynamischer Verhältnisse innerhalb der Materie dienen soll. In diesem Sinne setzen wir

$$T_{\mu\nu} = g_{\mu\alpha} g_{\nu\beta} \sigma \frac{dx_\alpha}{ds} \frac{dx_\beta}{ds} - g_{\mu\nu} p . \tag{122}$$

In unserem Spezialfall ist daher zu setzen

$$\begin{aligned} T_{\mu\nu} &= \gamma_{\mu\nu} p \text{ (für } \mu \text{ und } \nu \text{ von 1 bis 3)} \\ T_{44} &= \sigma - p \\ T &= -\gamma^{\mu\nu}\gamma_{\mu\nu} p + \sigma - p = \sigma - 4p . \end{aligned}$$

Mit Rücksicht darauf, daß die Feldgleichungen (96) auch in der Form

$$R_{\mu\nu} = -\varkappa\left(T_{\mu\nu} - \frac{1}{2} g_{\mu\nu} T\right)$$

geschrieben werden können, erhalten wir demnach aus (96) die Gleichungen

$$-\frac{2}{a^2}\gamma_{\mu\nu} = \varkappa\left(\frac{\sigma}{2} - p\right)\gamma_{\mu\nu}$$

$$0 = -\varkappa\left(\frac{\sigma}{2} + p\right).$$

Hieraus folgt

$$\left.\begin{aligned} p &= -\frac{\sigma}{2} \\ a &= \sqrt{\frac{2}{\varkappa\sigma}} \end{aligned}\right\} \tag{123}$$

Damit ist den Feldgleichungen Genüge geleistet.

Soll die Welt quasi-Euklidisch, ihr Krümmungsradius also unendlich sein, so muß σ verschwinden. Es ist aber unwahrscheinlich, daß die mittlere Dichte der Materie in der Welt wirklich Null sei; dies ist unser drittes Argument gegen die Annahme dafür, daß unsere Welt quasi-Euklidisch sei. Ebensowenig scheint der von uns hypothetisch eingeführte Druck verschwinden zu können, dessen physikalische Natur erst durch eine bessere theoretische Erkenntnis des elektromagnetischen Feldes erfaßt werden könnte. Nach der zweiten der Gleichungen (123) ist der Weltradius a durch die Gesamtmasse M der Materie bestimmt, gemäß der Gleichung

$$a = \frac{M\varkappa}{4\pi^2} \tag{124}$$

durch welche Relation die völlige Abhängigkeit des Geometrischen vom Physikalischen besonders deutlich hervortritt.

Gegen die Auffassung von der räumlich-unendlichen und für die Auffassung einer räumlich-geschlossenen Welt läßt sich also folgendes anführen:

1. Vom Standpunkt der Relativitätstheorie ist die Bedingung der räumlichen Geschlossenheit viel einfacher als die der quasi-Euklidischen Struktur entsprechende Grenzbedingung im Unendlichen.

2. Der Gedanke Machs, daß die Trägheit auf Wechselwirkungen der Körper beruhe, ist in erster Näherung in den Gleichungen der Relativitätstheorie enthalten;

aus ihnen folgt nämlich, daß die Trägheit mindestens zum Teil auf Wechselwirkung der Massen beruht. Es gewinnt dadurch der MACHsche Gedanke sehr an Wahrscheinlichkeit, da die Annahme unbefriedigend ist, daß die Trägheit zum Teil auf Wechselwirkung, zum Teil auf selbständigen Qualitäten des Raumes beruhe. Dem MACHschen Gedanken entspricht aber nur eine räumlich-geschlossene (endliche) Welt, nicht eine quasi-EUKLIDische, unendliche. Überhaupt ist es erkenntnistheoretisch befriedigender, wenn die mechanischen und metrischen Eigenschaften des Raumes vollständig durch die Materie bestimmt werden, was nur für eine räumlich geschlossene Welt der Fall ist.

3. Eine unendliche Welt ist nur möglich, wenn die mittlere Dichte der Materie in der Welt verschwindet. Eine solche Annahme ist zwar logisch möglich, aber weniger wahrscheinlich als die Annahme, daß es eine endliche mittlere Dichte der Materie in der Welt gebe.

ANHANG I

Zum „kosmologischen Problem“

Seit dem ersten Erscheinen dieses Büchleins sind einige Fortschritte der Relativitätstheorie zu verzeichnen. Einige davon sollen zunächst kurz erwähnt werden.

Der erste Fortschritt betrifft den überzeugenden Nachweis von der Existenz der Rot-Verschiebung der Spektrallinien durch das (negative) Gravitationspotential des Erzeugungsortes (vgl. S. 91). Dieser Nachweis wurde ermöglicht durch die Entdeckung von sogenannten „Zwergsternen“, deren mittlere Dichte die des Wassers um einen Faktor von der Größenordnung 10^4 übertrifft. Für einen solchen Stern (z. B. den lichtschwachen Begleiter des Sirius), dessen Masse und Radius bestimmbar ist[1]), ist die nach der Theorie zu erwartende Rotverschiebung etwa 20mal so groß wie bei der Sonne und hat sich tatsächlich in dem erwarteten Betrage nachweisen lassen.

Ein zweiter Fortschritt, der hier kurz erwähnt werden soll, betrifft das Bewegungsgesetz eines gravitierenden Körpers. Bei der ursprünglichen Formulierung der Theorie wurde das Bewegungsgesetz für ein gravitierendes Partikel neben dem Feldgesetz der Gravitation als eine unabhängige Grundannahme der Theorie eingeführt. Vgl. Gl. (90); diese spricht aus, daß sich ein gravitierendes Partikel in einer Geodäte bewegt. Es ist dies eine hypothetische Übertragung des Galileischen Trägheitsgesetzes auf den Fall des Vorhandenseins „echter" Gravitationsfelder. Es hat sich gezeigt, daß sich dies Bewegungsgesetz — verallgemeinert auf den Fall beliebig großer gravitierender Massen — aus den Feldgleichungen des leeren Raums erschließen läßt. Nach dieser Ableitung wird das Bewegungsgesetz durch die Bedingung erzwungen, daß das Feld außerhalb der es erzeugenden Massenpunkte nirgends singulär werden soll.

Auf einen dritten Fortschritt, der sich auf das sogenannte „kosmologische Problem" bezieht, soll hier ausführlicher eingegangen werden, teils wegen seiner prinzipiellen Bedeutung, teils auch deswegen, weil die Diskussion dieser Fragen noch keineswegs abgeschlossen ist. Ich fühle mich zu einer genaueren Diskussion auch dadurch gedrängt, daß ich mich des Eindruckes nicht erwehren kann, daß bei der gegenwärtigen Behandlung dieses Problems die wichtigsten prinzipiellen Gesichtspunkte nicht genügend hervortreten.

---

[1]) Die Masse ergibt sich aus der Rückwirkung auf den Sirius auf spektroskopischem Wege mit Hilfe des Newtonschen Gesetzes, der Radius aus der absoluten Helligkeit und der aus der Temperatur seines Leuchtens erschließbaren Leuchtstärke pro Flächeneinheit.

Dies Problem läßt sich etwa so formulieren. Wir sind auf Grund der Beobachtungen am Fixstern-Himmel hinreichend davon überzeugt, daß das System der Fixsterne nicht im wesentlichen einer Insel gleicht, die in einem unendlichen leeren Raum schwebt, daß es also nicht so etwas gibt wie einen Schwerpunkt der ganzen in der Welt befindlichen Masse materieller Substanz. Wir fühlen uns vielmehr zu der Überzeugung gedrängt, daß es, abgesehen von den lokalen Verdichtungen in Einzelsterne und Sternsysteme, eine mittlere Dichte der Materie im Raum gibt, die überall größer als Null ist. Es entsteht also die Frage: Läßt sich diese von der Erfahrung nahegelegte Hypothese mit den Gleichungen der allgemeinen Relativitätstheorie in Einklang bringen?

Wir haben zuerst das Problem schärfer zu formulieren. Man denke sich einen Teilraum des Universums, der eben groß genug ist, daß die mittlere Dichte der in ihm enthaltenen Stern-Materie als kontinuierliche Funktion von $x_1, \ldots, x_4$ betrachtet werden kann. In einem solchen Teilraum kann man annähernd ein Inertialsystem (Minkowski-Raum) finden, auf das man die Stern-Bewegungen bezieht. Man kann es so einrichten, daß die mittlere Geschwindigkeit der Materie in bezug auf dieses System in allen Koordinatenrichtungen verschwindet. Es bleiben dann noch (nahezu ungeordnete) Geschwindigkeiten der Sterne übrig, ähnlich der Bewegung der Moleküle eines Gases. Wesentlich ist nun zunächst, daß diese Geschwindigkeiten erfahrungsgemäß gegen die Lichtgeschwindigkeit sehr klein sind. Es ist deshalb vernünftig, von der Existenz dieser Relativ-Bewegungen zunächst ganz abzusehen und die Sterne ersetzt zu denken durch einen materiellen Staub ohne (ungeordnete) Relativbewegung der Teilchen gegeneinander.

Die bisherigen Forderungen genügen aber noch keineswegs, um das Problem zu einem hinreichend bestimmten zu machen. Die einfachste und radikalste Spezialisierung wäre der Ansatz: die (natürlich gemessene) Dichte ϱ der

Materie ist überall im (vierdimensionalen) Raume dieselbe, die Metrik ist bei passender Koordinatenwahl unabhängig von x_4 und bezüglich x_1, x_2, x_3 homogen und isotrop. Dieser Fall ist es, den ich zunächst als die natürlichste idealisierte Darstellung für den physikalischen Raum im Großen ansah; er ist auf den Seiten 102—107 dieses Büchleins behandelt. Das Bedenkliche an dieser Lösung liegt darin, daß man einen negativen Druck einführen muß, für welchen es keine physikalische Rechtfertigung gibt. Ursprünglich habe ich zur Ermöglichung jener Lösung statt des genannten Druckes eine neues Glied in die Gleichungen eingeführt, welches vom Standpunkt des Relativitäts-Prinzips erlaubt ist. Die so erweiterte Gravitationsgleichungen lauten

$$\left(R_{ik} - \frac{1}{2} g_{ik} R\right) + \Lambda g_{ik} + \varkappa T_{ik} = 0 , \qquad (1)$$

wobei Λ eine universelle Konstante („kosmologische Konstante") bedeutet. Die Einfügung dieses zweiten Gliedes ist eine Komplizierung der Theorie, welche deren logische Einfachheit bedenklich vermindert. Seine Einführung kann nur durch die Notlage entschuldigt werden, welche die kaum vermeidbare Einführung einer endlichen durchschnittlichen Dichte der Materie mit sich bringt. Beiläufig sei bemerkt, daß in NEWTONS Theorie dieselbe Schwierigkeit besteht.

Aus diesem Dilemma hat der Mathematiker FRIEDMANN einen Ausweg gefunden[1]). Sein Ergebnis hat dann durch HUBBLES Entdeckung der Expansion des Fixstern-Systems (mit der Distanz gleichmäßig anwachsender Rot-Verschiebung der Spektrallinien) eine überraschende Bestätigung gefunden. Das Folgende ist im wesentlichen nichts anderes als eine Darlegung von

---

[1]) Er hat gezeigt, daß es nach den Feldgleichungen möglich ist, eine endliche Dichte im ganzen Raume (dreidimensional aufgefaßt) zu haben, ohne die Feldgleichungen ad hoc zu erweitern. Zeitschr. f. Physik **10** (1922).

FRIEDMANNS Idee: Vierdimensionaler Raum, der bezüglich dreier Dimensionen isotrop ist.

Wir nehmen wahr, daß die Sternsysteme von uns aus gesehen nach allen Richtungen hin ungefähr gleich dicht verteilt sind. Wir sehen uns dadurch zu der Annahme gedrängt, daß diese *räumliche* Isotropie des Systems für alle Beobachter zutreffen würde, für jeden Ort und jede Zeit eines gegen die ihn umgebende Materie ruhenden Beobachters. Dagegen machen wir nicht mehr die Annahme, daß die mittlere Dichte der Materie für einen relativ zur benachbarten Materie ruhenden Beobachter *zeitlich* konstant sei. Damit entfällt auch die Annahme, daß der Ausdruck des metrischen Feldes die Zeit nicht enthalte.

Wir müssen nun eine mathematische Form finden für die Voraussetzung, daß die Welt in *räumlicher Beziehung* allenthalben isotrop sei. Durch jeden Punkt P des (vierdimensionalen) Raumes geht eine Teilchen-Bahn (im folgenden kurz „Geodäte“ genannt). P und Q seien zwei infinitesimal benachbarte Punkte einer solchen Geodäte. Dann werden wir zu verlangen haben, daß bezüglich jeder „Drehung“ des Koordinatensystems um P und Q der Ausdruck des Feldes invariant sein soll. Dies soll gelten für jedes Element jeder Geodäte. Diese Forderung beschränkt nicht nur die Metrik, sondern auch die Koordinatenwahl, von welch letzterer Beschränkung wir uns nach Auffindung der Metriken von dem verlangten Symmetrie-Charakter wieder frei machen können.

Die Forderung einer solchen Invarianz verlangt, daß die Geodäte in ihrem ganzen Verlauf der Drehungsachse angehört und all ihre Punkte bei der Drehung des Koordinatensystems fest bleiben. Die Lösung soll also drehungsinvariant sein bezüglich aller Drehungen des Koordinatensystems um alle die dreifach unendlich vielen Geodäten.

Auf die deduktive Ableitung der Lösung dieses Problems will ich hier der Kürze halber nicht eingehen.

Für einen dreidimensionalen Raum erscheint es jedoch anschaulich evident, daß eine bezüglich zweifach unendlich vielen Linien drehungsinvariante Metrik im wesentlichen den Typus einer (bei passender Koordinatenwahl) zentralsymmetrischen Lösung haben muß, wobei die Drehachsen die radial verlaufenden Geraden sind, die ja aus Symmetriegründen Geodäten sind. Die Flächen konstanten Radius sind dann Flächen konstanter (positiver) Krümmung, welche auf den (radialen) Geodäten überall senkrecht stehen. In invarianter Ausdrucksweise ergibt sich also:

Es gibt eine zu den Geodäten orthogonale Flächenschar. Jede dieser Flächen ist eine Fläche konstanter Krümmung. Je zwei Flächen dieser Schar schneiden aus diesen Geodäten gleich lange Stücke heraus.

Bemerkung. Der so anschaulich gewonnene Fall ist nur insofern nicht der allgemeine, als die Flächen der Schar auch Flächen negativer konstanter Krümmung oder EUKLIDisch (verschwindende Krümmung) sein können.

In dem uns interessierenden vierdimensionalen Fall ist es genau analog. Es ist ferner kein wesentlicher Unterschied, wenn der metrische Raum vom Trägheitsindex 1 ist; nur muß man die radialen Richtungen zeitartig, die in den Flächen der Schar liegenden Richtungen dementsprechend raumartig wählen. Die Achsen der lokalen Lichtkegel aller Punkte liegen auf den radialen Linien.

Koordinatenwahl

Statt jener vier Koordinaten, für welche die räumliche Isotropie des Kontinuums am unmittelbarsten hervortritt, wählen wir nun andere Koordinaten, die vom Standpunkt der physikalischen Interpretation bequemer sind.

Als zeitartige Linien, auf denen x_1, x_2, x_3 konstant sind und x_4 allein variabel, wählen wir die Teilchen-

Geodäten, welche in der zentralsymmetrischen Darstellung die vom Zentrum ausgehenden Geraden sind. x_4 sei ferner gleich dem metrischen Abstand vom Zentrum. In solchen Koordinaten ausgedrückt, ist die Metrik von der speziellen Gestalt

$$ds^2 = dx_4^2 - d\sigma^2, \quad d\sigma^2 = \gamma_{ik}\, dx_i\, dx_k \quad (i, k = 1, 2, 3); \tag{2}$$

$d\sigma^2$ ist die Metrik auf einer der sphärischen Hyperflächen. Die zu verschiedenen Hyperflächen gehörigen γ_{ik} werden dann (wegen der Zentralsymmetrie) bis auf einen von x_4 allein abhängigen Faktor auf allen Hyperflächen die gleiche Form haben:

$$\gamma_{ik} = \mathring{\gamma}_{ik}\, G^2, \tag{2a}$$

wobei die $\mathring{\gamma}$ nur von x_1, x_2, x_3 abhängen, G eine Funktion von x_4 allein ist. Es ist dann

$$d\mathring{\sigma}^2 = \mathring{\gamma}_{ik}\, dx_i\, dx_k \quad (i, k = 1, 2, 3) \tag{2b}$$

eine definite Metrik von konstanter Krümmung in drei Dimensionen im „Einheitsraum“, unabhängig von G.

Eine solche Metrik ist charakterisiert durch die Gleichungen

$$\mathring{R}_{iklm} - B\,(\mathring{\gamma}_{il}\, \mathring{\gamma}_{km} - \mathring{\gamma}_{im}\, \mathring{\gamma}_{kl}) = 0\,. \tag{2c}$$

Wir können das Koordinatensystem x_1, x_2, x_3 so wählen, daß das Linienelement konform Euklidisch wird:

$$d\mathring{\sigma}^2 = A^2\,(dx_1^2 + dx_2^2 + dx_3^2)\,, \tag{2d}$$

also

$$\mathring{\gamma}_{ik} = A^2\, \delta_{ik}\,,$$

wobei A eine positive Funktion von r ($r^2 = x_1^2 + x_2^2 + x_3^2$) allein sein soll. Durch Einsetzen in die Gleichungen (2c) erhalten wir für A die beiden Gleichungen

$$\left.\begin{aligned} -\frac{1}{r}\left(\frac{A'}{A\,r}\right)' + \left(\frac{A'}{A\,r}\right)^2 &= 0\,,\\ -\frac{2\,A'}{A\,r} - \left(\frac{A'}{A}\right)^2 - B\,A^2 &= 0\,. \end{aligned}\right\} \tag{3}$$

Die erste dieser Gleichungen wird gelöst durch

$$A = \frac{c_1}{c_2 + c_3 r^2}, \tag{3a}$$

wobei die Konstanten zunächst beliebig sind. Die zweite ergibt dann

$$B = \frac{4\, c_2\, c_3}{c_1^2}. \tag{3b}$$

Bezüglich der Konstanten c ergibt sich folgendes. Soll für $r = 0$ A positiv sein, so müssen c_1 und c_2 dasselbe Vorzeichen haben. Da ein Zeichenwechsel aller drei Konstanten A nicht ändert, kann man immer bewirken, daß c_1 und c_2 positiv sind, und man kann c_2 zu 1 machen. Da ferner ein positiver Faktor immer zu G^2 geschlagen werden kann, so kann man auch c_1 zu 1 machen, ohne die Allgemeinheit zu beschränken. Man kann also zunächst setzen:

$$A = \frac{1}{1 + c\, r^2}, \qquad B = 4\, c\,. \tag{3c}$$

Es gibt nun drei Fälle:

$c > 0$ (sphärischer Einheitsraum),
$c < 0$ (pseudosphärischer Einheitsraum),
$c = 0$ (Euklidischer Einheitsraum).

Durch eine Ähnlichkeitstransformation der Koordinaten ($x_i' = a\, x_i$, wobei a konstant ist) kann ferner erreicht werden, daß im ersten Fall $c = \frac{1}{4}$, im zweiten Falle $c = -\frac{1}{4}$ wird. Für die drei Fälle ist dann respektive

$$\left.\begin{aligned} A &= \frac{1}{1 + \frac{r^2}{4}}, & B &= 1; \\ A &= \frac{1}{1 - \frac{r^2}{4}}, & B &= -1; \\ A &= 1, & B &= 0. \end{aligned}\right\} \tag{3d}$$

Im sphärischen Falle ist der „Umfang“ des Einheits-raumes $\int\limits_{-\infty}^{\infty} \frac{dr}{1+\frac{r^2}{4}} = 2\pi$, der „Radius“ des Einheits-raumes gleich 1. In allen drei Fällen ist die Zeitfunktion G ein Maß dafür, wie sich der metrische Abstand zweier materieller Punkte (gemessen auf einem räumlichen Schnitt) mit der Zeit ändert. Im sphärischen Falle ist G der Radius des Raumes zur Zeit x_4.

Zusammenfassung: Die Hypothese von der *räumlichen* Isotropie der von uns betrachteten schematisierten Welt führt zu dem Ansatz für die Metrik

$$ds^2 = dx_4^2 - G^2 A^2 (dx_1^2 + dx_2^2 + dx_3^2) \,, \tag{2}$$

wobei G von x_4 allein, A von r^2 $(= x_1^2 + x_2^2 + x_3^2)$ allein abhängt, wobei

$$A = \frac{1}{1 + \frac{z}{4} r^2} \tag{3}$$

und die drei Sonderfälle durch $z = 1$ bzw. $z = -1$ bzw. $z = 0$ charakterisiert sind.

Die Feldgleichungen

Wir haben nun ferner den Feldgleichungen der Gravitation Genüge zu leisten, und zwar den Feldgleichungen ohne das früher ad hoc eingeführte „kosmologische Glied“:

$$\left(R_{ik} - \frac{1}{2} g_{ik} R\right) + \varkappa T_{ik} = 0 \,. \tag{4}$$

Durch Einsetzen des auf die Hypothese räumlicher Isotropie gegründeten Ausdruckes für die Metrik erhält man durch Ausrechnung

$$\left.\begin{aligned} R_{ik} - \frac{1}{2} g_{ik} R &= \left(\frac{z}{G^2} + \frac{G'^2}{G^2} + 2\frac{G''}{G}\right) G A \delta_{ik} \\ &\qquad\qquad (i, k = 1, 2, 3)\,, \\ R_{44} - \frac{1}{2} g_{44} R &= -3\left(\frac{z}{G^2} + \frac{G'^2}{G^2}\right), \\ R_{i4} - \frac{1}{2} g_{i4} R &= 0 \qquad\qquad (i = 1, 2, 3)\,. \end{aligned}\right\} \tag{4a}$$

Wir haben ferner für T_{ik} den Energie-Tensor der Materie für einen „Staub“

$$T^{ik} = \varrho \frac{dx_i}{ds} \frac{dx_k}{ds} \tag{4b}$$

einzuführen. Die Geodäten, in welchen sich in unserem Falle die Materie bewegt, sind die Linien, auf welchen x_4 allein variiert; auf ihnen ist $dx_4 = ds$. Es ist also

$$T^{44} = \varrho \tag{4c}$$

die einzige von Null verschiedene Komponente. Durch Herunterziehen der Indizes erhält man als einzige nicht verschwindende Komponente von T_{ik}

$$T_{44} = \varrho\,. \tag{4d}$$

Mit Rücksicht hierauf lauten die Feldgleichungen:

$$\left.\begin{aligned} \frac{z}{G^2} + \frac{G'^2}{G^2} + \frac{2\,G''}{G} &= 0\,, \\ \frac{z}{G^2} + \frac{G'^2}{G^2} - \frac{1}{3}\varkappa\varrho &= 0\,. \end{aligned}\right\} \tag{5}$$

$\frac{z}{G^2}$ ist die Krümmung im Raumschnitte $x_4 =$ konst. Da G in allen Fällen ein relatives Maß für den metrischen Abstand zweier materieller Teilchen als Funktion der Zeit ist, drückt $\frac{G'}{G}$ die Hubblesche Expansion aus. A fällt aus den Gleichungen heraus, wie es sein muß, wenn es Lösungen der Gravitationsgleichungen von dem verlangten Symmetrie-Charakter geben soll. Durch Subtraktion beider Gleichungen folgt:

$$\frac{G''}{G} + \frac{1}{6} \varkappa \varrho = 0 . \tag{5a}$$

Da G überall positiv sein muß, so ist G'' bei nicht verschwindendem ϱ überall negativ. $G(x_4)$ kann also weder ein Minimum noch einen Wendepunkt haben, auch gibt es keine Lösung, für welche G konstant ist.

Der Spezialfall verschwindender räumlicher Krümmung ($z = 0$)

Der einfachste Sonderfall bei nicht verschwindender Dichte ϱ ist der Fall $z = 0$, in welchem die Schnitte $x_4 =$ konst. nicht gekrümmt sind. Setzt man $\frac{G'}{G} = h$, so lauten in diesem Falle die Feldgleichungen

$$\left. \begin{aligned} 2\,h' + 3\,h^2 &= 0 , \\ 3\,h^2 &= \varkappa\,\varrho . \end{aligned} \right\} \tag{5b}$$

Die in der zweiten Gleichung enthaltene Beziehung zwischen dem Betrag der HUBBLE-Expansion h und der mittleren Dichte ϱ ist wenigstens der Größenordnung nach einigermaßen mit der Erfahrung vergleichbar. Die Expansion wird angegeben als 432 km/sec für die Distanz 10^6 parsec. Drückt man dies in dem von uns gebrauchten Maßsystem aus (cm als Längeneinheit und Licht-Fortpflanzungs-Zeit für 1 cm Weg als Zeiteinheit), so erhält man

$$\begin{aligned} h &= \frac{432 \cdot 10^5}{3{,}25 \cdot 10^6 \cdot 365 \cdot 24 \cdot 60 \cdot 60} \cdot \left(\frac{1}{3 \cdot 10^{10}}\right)^2 \\ &= 4{,}71 \cdot 10^{-28} . \end{aligned}$$

Da ferner (vgl. 105a)

$$\varkappa = 1{,}86 \cdot 10^{-27}\,,$$

so ergibt die zweite der Gleichungen (5b)

$$\varrho = \frac{3\,h^2}{\varkappa} = 3{,}5 \cdot 10^{-28}\,\mathrm{g/cm^3}\,.$$

Dieser Wert stimmt der Größenordnung nach einigermaßen überein mit den (aus den Massen und Parallaxen sichtbarer Sterne und Sternsysteme erhaltenen) Schätzungen, welche die Astronomen für ϱ gegeben haben. Ich zitiere hier als Beispiel eine Angabe von G. C. McVittie (Proceedings of the Physical Society of London, vol. 51, 1939, p. 537): "The average density is certainly not greater than $10^{-27}\,\mathrm{g/cm^3}$ and is more probably of the order $10^{-29}\,\mathrm{g/cm^3}$".

Bei der großen Schwierigkeit, diese Größe zu bestimmen, betrachte ich dies vorläufig als eine befriedigende Übereinstimmung. Da die Größe h verhältnismäßig besser meßbar ist als ϱ, so ist es wohl nicht übertrieben zu behaupten, daß die Bestimmung der Struktur des unserer Wahrnehmnung zugänglichen Raumes an eine genauere Bestimmung von ϱ gebunden ist. Denn gemäß der zweiten der Gleichungen (5) ist die Raumkrümmung im allgemeineren Falle gegeben durch

$$z\,G^{-2} = \frac{1}{3}\,\varkappa\,\varrho - h^2\,. \tag{5c}$$

Ist die rechte Seite dieser Gleichung positiv, so ist der Raum von positiver Krümmung, also endlich; seine Größe ist bestimmbar mit der Genauigkeit, mit welcher diese Differenz bestimmbar ist. Ist die rechte Seite negativ, so ist er von unendlicher Ausdehnung. Einstweilen ist ϱ nicht gut genug bestimmt, als daß man aus dieser Relation überhaupt auf das Vorhandensein einer von 0 abweichenden mittleren Krümmung des Raumes (des Schnittes x_4 = konst.) schließen könnte.

Für den Fall der Vernachlässigung der räumlichen Krümmung liefert die erste der Gleichungen (5b) bei passender Wahl des Anfangspunktes von x_4

$$h = \frac{2}{3} \cdot \frac{1}{x_4}. \tag{6}$$

Diese Gleichung hat für $x_4 = 0$ eine Singularität, so daß ein solcher Raum entweder eine negative Expansion hat und die Zeit nach oben durch den Zeitwert $x_4 = 0$ begrenzt wird oder eine positive Expansion hat und bei $x_4 = 0$ zu existieren beginnt. Letzterer Fall entspricht demjenigen, den wir in der Natur realisiert finden.

Aus dem gemessenen Wert für h ergibt sich für die bisherige Existenz-Zeit der Welt $1{,}5 \cdot 10^9$ Jahre. Diese Dauer ist ungefähr gleich jener, welche man aus dem radioaktiven Zerfall des Urans für die feste Kruste der Erde gefunden hat; dies ist ein paradoxes Resultat, das aus mehr als einem Grunde Zweifel an dem Zutreffen der Theorie wachgerufen hat[1]).

Es liegt zunächst nahe zu fragen: Kann die soeben auf Grund der Hypothese von einer praktisch vernachlässigbar kleinen räumlichen Krümmung gefundene Schwierigkeit nicht durch Einführung einer passenden räumlichen Krümmung vermieden werden? Hierüber kann die erste der Gleichungen (5) Aufschluß geben, welche den zeitlichen Verlauf von G bestimmt.

Lösungen der Gleichungen im Falle nicht verschwindender räumlicher Krümmung

Berücksichtigt man eine räumliche Krümmung des räumlichen Schnittes (x_4 = konst.), so hat man die Gleichungen

$$\left.\begin{aligned} z\,G^{-2} + \left(2\frac{G''}{G} + \left(\frac{G'}{G}\right)^2\right) &= 0\,, \\ z\,G^{-2} + \left(\frac{G'}{G}\right)^2 - \frac{1}{3}\varkappa\varrho &= 0\,. \end{aligned}\right\} \tag{5}$$

[1]) Vgl. Anmerkung am Schluß dieses Anhangs.

$z = 1$ entspricht einer positiven, $z = -1$ einer negativen Raumkrümmung. Die erste dieser Gleichungen läßt sich integrieren. Wir schreiben sie zunächst in der Form

$$z + 2\,G\,G'' + G'^2 = 0\,. \tag{5d}$$

Betrachten wir umgekehrt $x_4(=t)$ als Funktion von G, so ist zunächst

$$G' = \frac{1}{t'}\,; \qquad G'' = \left(\frac{1}{t'}\right)' \cdot \frac{1}{t'}\,.$$

Schreibt man ferner $u(G)$ für $\frac{1}{t'}$, so erhält man

$$z + 2\,G\,u\,u' + u^2 = 0 \tag{5e}$$

oder

$$z + (G\,u^2)' = 0\,. \tag{5f}$$

Hieraus erhält man durch einmalige Integration

$$z\,G + G\,u^2 = G_0 \tag{5g}$$

oder, da wir $u = 1 \Big/ \frac{dt}{dG} = \frac{dG}{dt}$ gesetzt haben,

$$\left(\frac{dG}{dt}\right)^2 = \frac{G_0 - z\,G}{G}\,, \tag{5h}$$

wobei G_0 eine Konstante bedeutet. Für nicht verschwindende Dichte muß sie positiv sein, wie man erkennt, wenn man (5h) nach t differenziert und beachtet, daß G'' nach (5a) negativ ist.

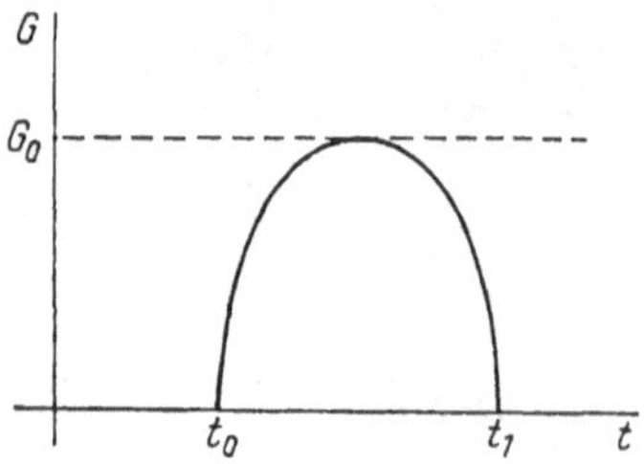

Fig. 1

a) Positiv gekrümmter Raum. G bleibt in dem Gebiete $0 \leqq G \leqq G_0$. G hat einen Verlauf, der qualitativ durch die Skizze veranschaulicht wird. Der Radius G steigt vom Werte 0 bis G_0 und fällt in kontinuierlicher Kurve wieder zu 0 herab. Der Raumquerschnitt ist endlich (sphärisch)

$$\frac{1}{3}\varkappa\varrho - h^2 > 0 .$$

b) Negativ gekrümmter Raum

$$\left(\frac{dG}{dt}\right)^2 = \frac{G_0 + G}{G} .$$

G wandert mit wachsendem t von $G = 0$ bis $G = \infty$ (oder umgekehrt), wobei $\frac{dG}{dt}$ monoton von ∞ bis 1 absinkt gemäß der Skizze.

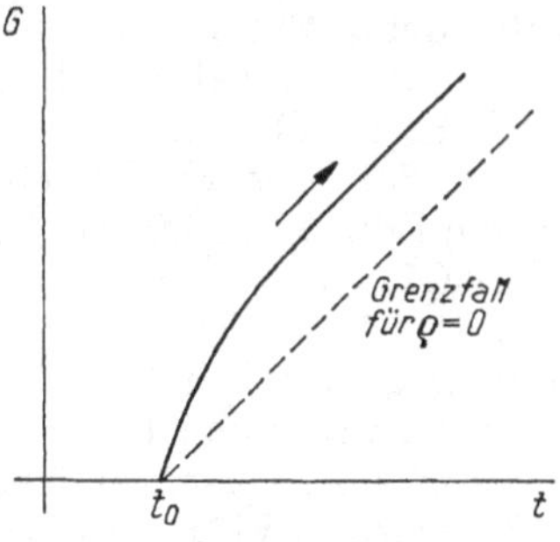

Fig. 2

Es ist also eine Expansion ohne Umkehr. Wenn man den Fall räumlicher Periodizität außer acht läßt, so ist der Raumschnitt unendlich, und es gilt

$$\frac{1}{3}\varkappa\varrho - h^2 < 0 .$$

Der im vorigen Paragraphen behandelte Grenzfall des ebenen Schnittes liegt zwischen diesen beiden Fällen gemäß der Gleichung

$$\left(\frac{dG}{dt}\right)^2 = \frac{G_0}{G}.$$

Bemerkung. Der Fall negativer Krümmung enthält als Grenzfall jenen, bei welchem die Dichte ϱ verschwindet. Für ihn ist $\left(\frac{dG}{dt}\right)^2 = 1$ (vgl. Abb. 2). Es ist dies ein Fall eines nicht gekrümmten Raum–Zeit-Kontinuums, d. h. eines, das in ein solches mit konstanten g_{ik} transformiert werden kann, da die Rechnung zeigt, daß der vierdimensionale Krümmungs-Tensor verschwindet.

Der Fall negativer Krümmung mit nicht verschwindendem ϱ nähert sich diesem Grenzfall mit wachsender Zeit mehr und mehr, so daß mit wachsender Zeit die Struktur des Raumes weniger und weniger durch die in demselben vorhandene Materie bestimmt wird. Aus diesem Grunde erscheint mir der Fall negativer Krümmung als physikalische Möglichkeit weniger befriedigend zu sein als der Fall positive Krümmung. Trotzdem bleibt natürlich die Entscheidung zwischen beiden denkbaren Fällen der Erfahrung vorbehalten.

Aus dieser Untersuchung des Falles nicht verschwindender Krümmung geht folgendes hervor. Zu jedem Zustand nicht verschwindender („räumlicher") Krümmung gibt es wie im Falle verschwindender Krümmung einen Anfangs-Zustand, in welchem $G = 0$ ist, mit dem die Expansion beginnt. Es dies ist also ein Querschnitt, in welchem die Dichte ϱ unendlich und das Feld singulär ist. Die Einführung einer solchen neuartigen Singularität erscheint an sich bedenklich[1]).

[1]) Es ist jedoch folgendes zu bemerken. Die gegenwärtige relativistische Gravitationstheorie beruht auf einer begrifflichen Trennung von Gravitationsfeld und „Materie". Es ist wohl plausibel, daß diese Theorie aus diesem Grunde für sehr hohe

Es zeigt sich ferner, daß die Einführung einer räumlichen Krümmung nur einen bezüglich der Größenordnung unwesentlichen Einfluß auf die Zeitdauer zwischen dem Beginn der Expansion und deren Absinken auf einen bestimmten Wert $h = \frac{G}{G'}$ hat. Diese Zeitdauer läßt sich durch elementare Rechnung aus (5h) berechnen, was wir hier jedoch unterlassen. Wir beschränken uns auf die Betrachtung eines expandierenden Raumes mit verschwindendem ϱ. Es ist dies ein bereits erwähnter Sonderfall negativer räumlicher Krümmung. Die zweite der Gleichungen (5) liefert (mit Rücksicht auf $z = -1$)

$$G' = 1\,.$$

Also (bei passendem Anfangspunkt für x_4)

$$G = x_4\,,$$

$$h = \frac{G'}{G} = \frac{1}{x_4}\,. \tag{6a}$$

Dieser extreme Fall liefert also für die Zeitdauer der Expansion bis auf einen Faktor von der Größenordnung 1 dasselbe Resultat wie der Fall verschwindender räumlicher Krümmung [vgl. Gl. (6)]. Das im Anschluß an (6) angeführte Bedenken, daß diese Dauer für die Entwicklung der gegenwärtig wahrnehmbaren Sterne und Sternsysteme sich als so merkwürdig kurz ergibt, kann also durch die Einführung einer räumlichen Krümmung nicht entkräftet werden.

Erweiterung der vorstehenden Überlegungen durch Verallgemeinerung des Ansatzes bezüglich der ponderabeln Materie

Bei allen bisher erlangten Lösungen gibt es einen Zustand des Systems, in welchem die Metrik singulär

---

Dichte der Materie inadäquat ist. Es mag wohl sein, daß in einer einheitlichen Theorie eine Singularität nicht auftreten würde.

wird ($G = 0$) und die Dichte ϱ unendlich. Es liegt folgende Frage nahe: Ist das Auftreten solcher Singularitäten nicht etwa dadurch bedingt, daß wir die Materie als eine Art Staub eingeführt haben, welcher einer Verdichtung keinen Widerstand leistet? Haben wir so nicht ungerechtfertigterweise den Einfluß der ungeordneten Bewegungen vernachlässigt?

Man könnte den Staub mit relativ zueinander ruhenden Teilchen z. B. ersetzen durch einen solchen, dessen Massenteilchen nach Art von Gasmolekülen unregelmäßig gegeneinander bewegt sind. Eine solche Materie setzt der adiabatischen Verdichtung mit dieser anwachsende Druckkräfte entgegen. Sind diese nicht fähig, das Auftreten unendlich großer Verdichtungen zu verhindern? Wir wollen im folgenden zeigen, daß eine solche Modifikation in der Darstellung der Materie an dem Haupt-Charakter der aufgezeigten Lösungen nichts ändern kann.

„Teilchen-Gas“, nach der speziellen Relativitätstheorie behandelt

Wir denken uns einen Schwarm parallel bewegter Teilchen von der Masse m. Er kann auf Ruhe transformiert werden, die räumliche Dichte der Teilchen, σ, hat dann Lorentz-invariante Bedeutung. Auf ein beliebiges Lorentz-System bezogen, hat dann

$$T^{uv} = m\,\sigma \frac{dx_u}{ds} \frac{dx_v}{ds} \tag{7}$$

invariante Bedeutung (Energietensor des Schwarmes). Sind viele solche Schwärme vorhanden, so erhält man durch Summation über sie

$$T^{uv} = m \sum_p \sigma_p \left(\frac{dx^u}{ds}\right)_p \left(\frac{dx^v}{ds}\right)_p . \tag{7a}$$

In bezug auf dies Gebilde können wir die Zeitachse des Lorentz-Systems so wählen, daß $T^{14} = T^{24} = T^{34} = 0$.

Auch kann man durch räumliche Drehung des Systems erreichen, daß $T^{12} = T^{23} = T^{31} = 0$. Das Teilchen-Gas sei ferner isotrop. Dies soll heißen, daß $T^{11} = T^{22} = T^{33} = p$. Dies ist eine Invariante, ebenso $T^{44} = u$. Die Invariante

$$I = T^{uv} g_{uv} = T^{44} - (T^{11} + T^{22} + T^{33}) = u - 3p \quad (7\text{b})$$

drückt sich in der angegebenen Weise durch u und p aus.

Aus dem Ausdruck für T^{uv} folgt ferner, daß T^{11}, T^{22}, T^{33} und T^{44} alle positiv sind, also auch T_{11}, T_{22}, T_{33}, T_{44}.

Die Gravitationsgleichungen lauten nun

$$\left.\begin{aligned} 1 + 2GG'' + G'^2 + \varkappa T_{11} &= 0, \\ -3G^{-2}(1 + G'^2) + \varkappa T_{44} &= 0. \end{aligned}\right\} \quad (8)$$

Aus der ersten derselben folgt, daß auch hier (weil $T_{11} > 0$) G'' stets negativ ist, wobei das Glied T_{11} bei gegebenem G und G' den Wert von G'' nur verkleinern, aber niemals vergrößern kann.

Hieraus sieht man schon, daß eine Berücksichtigung einer ungeordneten Relativbewegung der Massenpunkte an unseren Resultaten nichts Wesentliches ändert.

Zusammenfassende und sonstige Bemerkungen[1])

(1) Die Einführung des „kosmologischen Gliedes“ in die Gravitationsgleichungen ist zwar relativistisch möglich, vom Standpunkt der logischen Ökonomie aber verwerflich. Wie FRIEDMANN zuerst gezeigt hat, kann man eine allenthalben endliche Dichte der Materie mit der ursprünglichen Form der Gravitationsgleichungen in Einklang bringen, wenn man die zeitliche Veränder-

[1]) Vgl. Anmerkung am Schluß dieses Anhangs.

lichkeit des metrischen Abstandes distanter Massenpunkte zuläßt[2]).

(2) Schon die Forderung der *räumlichen* Isotropie der Welt führt zu FRIEDMANNS Ansatz. Es ist daher unzweifelhaft, daß es sich um den allgemeinsten Ansatz handelt, der für das kosmologische Problem in Betracht kommt.

(3) Wenn man den Einfluß der räumlichen Krümmung vernachlässigt, so erhält man eine der Größenordnung nach empirisch bestätigte Relation zwischen der mittleren Dichte und der HUBBLE-Expansion.

Man erhält ferner für die Zeit vom Anfang der Expansion bis zur Gegenwart einen Wert von der Größenordnung 10^9 Jahre. Die Kürze dieser Zeit steht mit Theorien über die Entwicklung der Fixsterne nicht im Einklang.

(4) An dem letzteren Resultat ändert die Einführung einer räumlichen Krümmung nichts, ebensowenig die Berücksichtigung der ungeordneten Relativbewegung der Sterne und Stern-Systeme gegeneinander.

(5) Es wird von manchen in Betracht gezogen, die HUBBLEsche Linienverschiebung anders als durch DOPPLER-Effekt zu erklären. Es gibt aber für eine solche Auffassung keine Stütze in den bekannten physikalischen Tatsachen. Nach einer solchen Hypothese wäre es nämlich möglich, zwei Sterne S_1 und S_2 dauernd durch einen starren Stab zu verbinden. Von S_1 nach S_2 gesandtes und wieder zurückgespiegeltes monochromatisches Licht würde nur dann mit einer anderen Frequenz (mit einer in S_1 befindlichen Uhr gemessen)

---

[2]) Würde die HUBBLE-Expansion bei Aufstellung der allgemeinen Relativitätstheorie bereits entdeckt gewesen sein, so wäre es nie zur Einführung des kosmologischen Gliedes gekommen. Es erscheint nun a posteriori um so ungerechtfertigter, ein solches Glied in die Feldgleichungen einzuführen, als dessen Einführung seine einzige ursprüngliche Existenzberechtigung — zu einer natürlichen Lösung des kosmologischen Problems zu führen — einbüßt.

in S_1 ankommen können, wenn die Zahl der Wellenlängen des längs des Stabes sich fortpflanzenden Lichtes mit der Zeit sich änderte. Dies würde bedeuten, daß die lokal gemessene Lichtgeschwindigkeit von der Zeit abhinge. Dies wäre schon mit der speziellen Relativitätstheorie in Widerspruch. Es ist ferner zu bedenken, daß ein zwischen S_1 und S_2 hin- und hergehender Lichtimpuls eine „Uhr“ darstellen würde, welche zu einer in S_1 befindlichen (z. B. atomistischen) Uhr nicht in einem konstanten Gang-Verhältnis stünde. Es würde dies bedeuten, daß es keine „Metrik“ im Sinne der Relativitätstheorie geben würde. Dies bedeutet nicht nur einen Verzicht auf das Verständnis für alle Zusammenhänge, welche die Relativitätstheorie geliefert hat, sondern paßt auch nicht zu der Tatsache, daß bestimmte atomistische Gebilde nicht „ähnlich“, sondern „kongruent“ sich zueinander verhalten (Existenz scharfer Spektrallinien, Atomvolumina usw.).

Diese Überlegung stützt sich allerdings auf die Wellentheorie, und es mag sein, daß manche Vertreter einer derartigen Hypothese sich vorstellen, daß der Ausbreitungsvorgang des Lichtes überhaupt nicht gemäß der Wellentheorie erfolge, sondern in einer Weise, die in Analogie steht zum Compton-Effekt. Die Annahme dieses Vorganges ohne Streuung bedeutet aber vom Standpunkt unseres heutigen Wissens aus eine durch nichts berechtigte Hypothese, die auch für die Unabhängigkeit der relativen Frequenzverschiebung von der Frequenz des Lichtes keinerlei Begründung ergibt. Man wird also nicht umhin können, Hubbles Entdeckung als Expansion des Sternsystems aufzufassen.

(6) Das Bedenken gegen die Annahme eines „Weltbeginns“ (Anfang des Expansions-Prozesses) von nur etwa 10^9 Jahren hat eine empirische und eine theoretische Wurzel. Die Astronomen sind geneigt, die Sterne verschiedener Spektraltypen als Altersstufen eines einheitlichen Entwicklungs-Prozesses aufzufassen, welcher Prozeß viel längere Zeiten als 10^9 Jahre benötigen

würde. Eine solche Theorie steht also tatsächlich im Widerspruche mit den dargelegten Folgen der relativistischen Gleichungen. Es scheint mir aber, daß diese „Evolutionstheorie" der Sterne auf schwächeren Grundlagen ruht als die Feldgleichungen.

Das theoretische Bedenken ist darauf gegründet, daß für die Zeit des Expansions-Beginnes die Metrik singulär und die Dichte ϱ unendlich wird. Hier ist folgendes zu bemerken. Die gegenwärtige Relativitätstheorie beruht auf einer Spaltung der physikalischen Realität in metrisches Feld (Gravitation) einerseits und elektromagnetisches Feld und Materie andererseits. In Wahrheit dürfte das Raumerfüllende von einheitlichem Charakter sein und die gegenwärtige Theorie nur als Grenzfall gelten. Bei großen Feld- und Materie-Dichten wird den Feldgleichungen und darüber hinaus den in dieselben eingehenden Feldvariabeln keine reale Bedeutung beizumessen sein. Man darf deshalb die Gültigkeit der Gleichungen auf Gebiete sehr hoher Feld- und Materie-Dichte nicht voraussetzen und man darf nicht schließen, daß der „Anfang der Expansion" in mathematischem Sinne eine Singularität bedeuten müsse. Wir müssen uns nur bewußt sein, daß die Gleichungen über derartige Gebiete nicht fortgesetzt werden dürfen.

Diese Erwägung ändert aber nichts an der Tatsache, daß der „Weltanfang" vom Standpunkt der Entwicklung der jetzt vorhandenen Sterne und Sternsysteme wirklich einen Anfang bedeutet, in dem jene Sterne und Sternsysteme als einzelne Gebilde noch nicht existiert haben.

(7) Es gibt aber auch empirische Argumente, welche *für* die von der Theorie geforderte dynamische Raum-Auffassung sprechen. Warum gibt es noch Uran trotz des verhältnismäßig raschen Zerfalls und trotzdem keine Möglichkeit für die Bildung neuen Urans erkennbar ist? Warum ist der Raum nicht so mit Strahlung erfüllt, daß der Nachthimmel aussieht wie eine glühende Fläche (eine alte Frage, die aber bisher keine befriedigende Be-

antwortung gefunden hat)? Es würde aber zu weit führen, auf solche und ähnliche Fragen einzugehen.

(8) Aus den angegebenen Gründen scheint es, daß wir das Ergebnis der expandierenden Welt ernst zu nehmen haben, trotz deren geringen „Lebensalters“. Tut man dies, so ist die Hauptfrage die, ob die Welt in räumlicher Beziehung positiv oder negativ gekrümmt ist. Hierzu eine Bemerkung.

Vom empirischen Standpunkt aus kommt die Entscheidung auf die Frage hinaus, ob der Ausdruck $\frac{1}{3}\varkappa\varrho - h^2$ positiv (sphärischer Fall) oder negativ (pseudo-sphärischer Fall) ist. Dies scheint mir die wichtigste Frage zu sein. Eine empirische Entscheidung scheint mir beim heutigen Stande der Astronomie nicht unmöglich. Da h (die Hubblesche Expansion) verhältnismäßig genau bekannt ist, kommt alles darauf an, die Dichte ϱ möglichst scharf zu bestimmen.

Es ist denkbar, daß der Nachweis dafür geliefert würde, daß die wirkliche Welt sphärisch ist (aber kaum denkbar, daß man beweisen könnte, daß sie pseudosphärisch ist). Es liegt dies daran, daß sich für ϱ immer nur eine untere, nicht aber eine obere Grenze angeben läßt. Dies ist deshalb der Fall, weil wir wohl kaum ein Urteil darüber gewinnen können, ein wie großer Bruchteil von ϱ durch astronomisch nicht wahrnehmbare (nicht leuchtende) Massen geliefert wird. Hierauf will ich etwas näher eingehen.

Man kann eine untere Grenze für ϱ (ϱ_s) bestimmen, indem man für die Bestimmung von ϱ_s ausschließlich die von den leuchtenden Sternen gelieferten Massen in Betracht zieht. Dies liefert eine untere Grenze für ϱ. Würde sich herausstellen, daß $\varrho_s > \frac{3\,h^2}{\varkappa}$, so wäre zugunsten des sphärischen Raumes entschieden. Wenn sich $\varrho_s < \frac{3\,h^2}{\varkappa}$ ergibt, so muß man den Anteil ϱ_d der nichtleuchtenden Massen zu bestimmen suchen. Wir wollen nun zeigen, daß man für ϱ_d/ϱ_s ebenfalls zu einer unteren Grenze gelangen kann.

Man denke an ein astronomisches Objekt, welches viele Einzelsterne enthält und mit hinreichender Näherung als stationäres System aufgefaßt werden kann, z. B. einen kugelsymmetrischen Sternhaufen (von bekannter Distanz). Aus den spektroskopisch beobachtbaren Geschwindigkeiten kann man das Gravitationsfeld (unter plausiblen Annahmen) bestimmen, und damit die dieses Feld erzeugenden Massen. Diese so berechneten Massen kann man mit denen der sichtbaren Sterne des Haufens vergleichen und so wenigstens in roher Annäherung herausfinden, inwieweit die felderzeugenden Massen größer sind als die im Haufen sichtbaren Sterne; man erhielte so eine Abschätzung für ϱ_d/ϱ_s für den betreffenden Sternhaufen. Da die nichtleuchtenden Sterne durchschnittlich kleiner sein werden als die leuchtenden, so werden sie durch ihre Wechselwirkungen mit den Sternen des Haufens durchschnittlich nach größeren Geschwindigkeiten tendieren als die größeren Sterne, also rascher aus dem Sternhaufen „verdampfen“ als die größeren Sterne. Es ist deshalb zu erwarten, daß die relative Häufigkeit der kleineren Himmelskörper innerhalb des Haufens kleiner sein wird als außerhalb desselben. Man kann so in $(\varrho_d/\varrho_s)_h$ (dem Quotient der Dichten im Sternhaufen) einen unteren Grenzwert erhalten für das Verhältnis ϱ_d/ϱ_s im ganzen Raum. Man erhält so als eine untere Grenze für die ganze mittlere Massendichte im Raume

$$\varrho_s\left[1+\left(\frac{\varrho_d}{\varrho_s}\right)_h\right].$$

Ist diese Größe größer als $\frac{3\,h^2}{\varkappa}$, so kann man auf den sphärischen Charakter schließen. — Dagegen kann ich mir keine einigermaßen zuverlässige Bestimmung einer oberen Grenze für ϱ denken.

Anmerkung des Übersetzers (Februar 1956).

Seitdem dieser Anhang geschrieben wurde, haben neuere astronomische Untersuchungen (vor allem durch W. BAADE am Mt. Palomar-Observatorium in Kalifornien) zu einer erheblichen Revision der HUBBLEschen Konstante geführt.

In einem kritischen Bericht über die extragalaktische Forschung der letzten Jahre gibt A. R. SANDAGE (The Astronomical Journal, June 1954, p. 180) als wahrscheinliche Schranken für die HUBBLEsche Konstante

$$3{,}5 \cdot 10^9 \text{ Jahre} < \frac{1}{h} < 7{,}8 \cdot 10^9 \text{ Jahre}.$$

Damit entfallen die Schwierigkeiten, zu denen die kurze Expansionszeit von $1{,}5 \cdot 10^9$ Jahren geführt hatte, einerseits in bezug auf das Alter der Erdkruste, wie es sich aus radioaktiven Messungen ergibt, und andererseits in bezug auf die Entwicklungstheorie der Sterne. Vergleiche hierzu S. 119 sowie die vorstehenden Bemerkungen (3, 4 und 6).

Anmerkung zur Fußnote [1]) auf Seite 49: Inzwischen ist der „Massendefekt" (Bindungsenergie) der Atomkerne und die daraus gezogene Folgerung (Möglichkeit der Gewinnung von Kernenergie) eines der eindruckvollsten Beispiele für die von der Relativitätstheorie vorausgesagte Äquivalenz von Masse und Energie geworden.

ANHANG II

Relativistische Theorie des nichtsymmetrischen Feldes

Bevor ich mit dem eigentlichen Gegenstande beginne, will ich eine allgemeine Betrachtung über die „Stärke" von Systemen von Feldgleichungen im allgemeinen vorausschicken. Diese Betrachtung ist auch unabhängig von der besonderen hier dargestellten Theorie von Interesse. Für eine tiefere Durchdringung unseres Problems ist sie aber beinahe unentbehrlich.

Über die „Kompatibilität“ und die „Stärke“ von Systemen von Feldgleichungen

Wenn gewisse Feldvariable gewählt sind sowie ein System von Feldgleichungen für diese, so bestimmen die letzteren im allgemeinen das Feld nicht vollständig, sondern es bleiben gewisse frei wählbare Größen für eine Lösung der Feldgleichungen. Je weniger solch frei wählbare Größen von dem System von Feldgleichungen zugelassen werden, desto „stärker“ ist das System. Es ist klar, daß man in Ermangelung anderer Gesichtspunkte einem in diesem Sinne stärkeren System gegenüber einem weniger starken den Vorzug geben wird. Es ist unser Ziel, für diese Stärke von Gleichungssystemen ein Maß zu finden. Es wird sich dabei zeigen, daß sich ein solches Maß angeben läßt, das uns sogar in den Stand setzt, die Stärke von Systemen miteinander zu vergleichen, deren Feldvariable nach Zahl und Art voneinander verschieden sind.

Wir wollen die hier in Betracht kommenden Begriffe und Methoden an Beispielen steigender Kompliziertheit darlegen unter Beschränkung auf vierdimensionale Felder und an diesen Beispielen diese maßgebenden Begriffe nacheinander einführen.

Erstes Beispiel: Die skalare Wellengleichung[1])

$$\varphi_{,11} + \varphi_{,22} + \varphi_{,33} - \varphi_{,44} = 0 .$$

Das System besteht hier nur aus einer Differentialgleichung für eine Feldvariable. Wir denken uns φ in der Umgebung eines Punktes in eine TAYLOR-Reihe entwickelt (was den analytischen Charakter von φ voraussetzt). Die Gesamtheit der Koeffizienten beschreibt dann die Funktion vollständig. In der n-ten Differentiationsstufe treten $\frac{4 \cdot 5 \ldots (n+3)}{1 \cdot 2 \ldots n}$ (abgekürzt

[1]) Hier wie im folgenden bezeichnet ein Komma partielle Differentiation, z. B. $\varphi_{,i} = \frac{\partial \varphi}{\partial x^i}$, $\varphi_{,11} = \frac{\partial}{\partial x^1}\left(\frac{\partial \varphi}{\partial x^1}\right)$ usw.

$\left(\binom{4}{n}\right)$ Koeffizienten auf, die alle frei wählbar wären, wenn nicht die Differentialgleichung gewisse Beziehungen zwischen ihnen liefert. Da die Gleichung von der zweiten Ordnung ist, so ergeben sich diese Beziehungen durch $(n - 2)$-fache Differentiation der Gleichung. Es ergeben sich so für die Koeffizienten der n-ten Differentiationsstufe $\binom{4}{n-2}$ Bedingungen. Die Zahl der noch frei wählbaren Koeffizienten n-ter Stufe ist also

$$z = \binom{4}{n} - \binom{4}{n-2}. \tag{1}$$

Diese Zahl ist für jedes n positiv. Wenn man also die willkürlich bleibenden Koeffizienten für alle kleineren n festgelegt hat, so lassen sich die Bedingungen für die Koeffizienten der n-ten Stufe stets erfüllen, ohne die früher gewählten Koeffizienten abzuändern.

Eine analoge Überlegung läßt sich auch bei Gleichungssystemen anstellen, die aus mehreren Gleichungen bestehen. Wenn die Zahl der sich für die n-te Differentiationsstufe ergebenden frei wählbaren Koeffizienten nicht unter null sinkt, so nennen wir das Gleichungssystem *absolut kompatibel*. Auf solche Gleichungssysteme wollen wir uns beschränken; alle mir bekannten, in der Physik benutzten Gleichungssysteme sind von dieser Art.

Wir wollen nun (1) etwas umformen. Es ist

$$\binom{4}{n-2} = \binom{4}{n} \frac{(n-1)\,n}{(n+2)\,(n+3)} = \binom{4}{n} \left(1 - \frac{z_1}{n} + \frac{z_2}{n^2} \cdots\right)$$

wobei $z_1 = +\,6$.

Wenn wir uns auf die Berücksichtigung hoher Differentiationsstufen n beschränken, so können wir in der Klammer die Glieder $\frac{z_2}{n^2}$ usw. vernachlässigen und erhalten für (1) asymptotisch

$$z \sim \binom{4}{n}\frac{z_1}{n} = \binom{4}{n}\frac{6}{n}. \qquad (1\,\mathrm{a})$$

Wir nennen z_1 den „Freiheits-Koeffizienten", der in unserem Falle den Wert 6 hat. Je größer dieser Koeffizient, desto schwächer das zugehörige Gleichungssystem.

Zweites Beispiel: Die Maxwellschen Gleichungen für den leeren Raum: $\varphi^{is}{}_{,s} = 0$; $\varphi_{ik,l} + \varphi_{kl,i} + \varphi_{li,k} = 0$.

φ^{ik} ist dabei der mit $\eta^{ik} = \begin{pmatrix} -1 & & & \\ & -1 & & \\ & & -1 & \\ & & & +1 \end{pmatrix}$ heraufgezogene antisymmetrische Tensor φ_{ik}.

Es sind dies $4 + 4$ Feldgleichungen für 6 Feldgrößen φ_{ik}. Zwischen diesen 8 Feldgleichungen bestehen zwei Identitäten. Bezeichnet man die linken Seiten der Feldgleichungen mit G^i bzw. H_{ikl}, so lauten diese Identitäten

$$G^i{}_{,i} \equiv 0; \qquad H_{ikl,m} - H_{klm,i} + H_{lmi,k} - H_{mik,l} = 0\,.$$

In diesem Falle verläuft die Überlegung wie folgt.

Die Taylor-Entwicklung der 6 Feldkomponenten liefert in der n-ten Differentiationsstufe

$$6\binom{4}{n}$$

Koeffizienten. Die Bedingungen für diese Koeffizienten der n-ten Stufe werden durch $(n-1)$-fache Differentiation der 8 Feldgleichungen 1. Ordnung gewonnen. Die Zahl dieser Bedingungen ist also

$$8\binom{4}{n-1}.$$

Diese Bedingungen sind aber nicht unabhängig voneinander, weil zwischen den 8 Gleichungen 2 Identitäten von der zweiten Ordnung bestehen. Sie liefern durch $(n-2)$-malige Differentiation

$$2\binom{4}{n-2}$$

algebraische Identitäten zwischen den durch die Gleichungen gelieferten Bedingungen. Daraus ergibt sich für die Zahl der frei wählbaren Koeffizienten der n-ten Differentiationsstufe

$$z = 6\binom{4}{n} - \left[8\binom{4}{n-1} - 2\binom{4}{n-2}\right].$$

Dieses z ist für alle n positiv. Das Gleichungssystem ist also „absolut kompatibel". Nehmen wir auf der rechten Seite den Faktor $\binom{4}{n}$ heraus, so ergibt sich durch eine Entwicklung wie oben für große n in der Grenze

$$z = \binom{4}{n}\left[6 - 8\frac{n}{n+3} + 2\frac{(n-1)\,n}{(n+2)\,(n+3)}\right]$$

$$\sim \binom{4}{n}\left[6 - 8\left(1 - \frac{3}{n}\right) + 2\left(1 - \frac{6}{n}\right)\right]$$

$$\sim \binom{4}{n}\left[0 + \frac{12}{n}\right].$$

Es ist also hier $z_1 = 12$. Man sieht, daß und in welchem Maße dies Gleichungssystem das Feld schwächer bestimmt als im Falle der skalaren Wellengleichung ($z_1 = 6$). Der Umstand, daß in beiden Fällen das konstante Glied in der Klammer verschwindet, drückt aus, daß das betreffende System keine Funktion von 4 Variablen frei läßt.

Drittes Beispiel. Die Gravitationsgleichungen für den leeren Raum.

Wir schreiben diese in der Form

$$R_{ik} = 0; \qquad g_{ik,l} - g_{sk}\,\Gamma^s_{il} - g_{is}\,\Gamma^s_{lk} = 0\,.$$

Die R_{ik} enthalten nur die Γ und sind in diesen von der ersten Ordnung. Wir behandeln hier die g und Γ als selbständige Feld-Variable. Aus der zweiten Gleichung sieht man, daß es bequem ist, die Γ als Größen der ersten Differentiationsstufe zu behandeln. Die R_{ik} sind dann also von der zweiten Ordnung zu betrachten.

Zwischen diesen Gleichungen bestehen die vier Bianchi-Identitäten, welche bei der gewählten Betrachtungsweise als von der dritten Ordnung zu betrachten sind.

Bei einem allgemeinen kovarianten Gleichungssystem tritt ein neuer Umstand auf, der für eine richtige Abzählung der freibleibenden Koeffizienten wesentlich ist: die durch bloße Koordinaten-Transformation auseinander hervorgehenden Felder sind nur als verschiedene Darstellungen ein- und desselben Feldes zu betrachten. Dem entspricht es, daß von den

$$10\binom{4}{n}$$

Entwicklungskoeffizienten n-ter Stufe der g_{ik} nur ein Teil dazu dient, tatsächlich verschiedene Felder zu charakterisieren. Dadurch wird die Zahl der das Feld tatsächlich bestimmenden Entwicklungskoeffizienten um einen Betrag reduziert, den wir nun zu bestimmen haben.

In dem Transformationsgesetz

$$g^*_{ik} = \frac{\partial x^a}{\partial x^{i*}} \frac{\partial x^b}{\partial x^{k*}} g_{ab} ,$$

für die g_{ik} stellen g_{ab} und g^*_{ik} tatsächlich dasselbe Feld dar. Differenziert man diese Gleichung n-mal nach den x^*, so sieht man, daß in den Koeffizienten n-ter Stufe der g^*-Entwicklung alle $(n + 1)$-ten Ableitungen der vier Funktionen x nach den x^* eingehen, d. h. $\binom{4}{n+1}$ Zahlen, deren freie Wahl an der Charakterisierung des Feldes keinen Anteil hat. Man hat deshalb in jeder allgemein-relativistischen Theorie $\binom{4}{n+1}$ von der Gesamtheit der Koeffizienten n-ter Stufe zu subtrahieren, um der allgemeinen Kovarianz Rechnung zu tragen. Die Abzählung der freibleibenden Koeffizienten der n-ten Stufe ergibt demnach hier folgendes.

Die zehn g_{ik} (Größen 0-ter Ordnung) und die vierzig Γ^l_{ik} (Größen erster Ordnung) ergeben mit Rücksicht auf die soeben begründete Korrektur wegen der allgemeinen Kovarianz

$$10\binom{4}{n} + 40\binom{4}{n-1} - 4\binom{4}{n+1}$$

relevante Koeffizienten n-ter Ordnung. Zwischen diesen ergeben die Feldgleichungen (10 von der zweiten Ordnung und 40 von der ersten Ordnung) zunächst

$$10\binom{4}{n-2} + 40\binom{4}{n-1}$$

Bedingungen. Diese Bedingungen sind aber zu vermindern um die Zahl der aus den BIANCHI-Identitäten (3. Ordnung) fließenden

$$4\binom{4}{n-3}$$

Identitäten zwischen diesen Bedingungen. Es ergibt sich also hier

$$z = \left[10\binom{4}{n} + 40\binom{4}{n-1} - 4\binom{4}{n+1}\right] - \left[10\binom{4}{n-2} + 40\binom{4}{n-1}\right] + 4\binom{4}{n-3}.$$

Klammert man wieder den Faktor $\binom{4}{n}$ aus, so ergibt sich durch Ausrechnung für große n

$$z \sim \binom{4}{n}\left[0 + \frac{12}{n}\right],$$

also $z_1 = 12$. Auch hier ist z für alle n positiv, so daß das System absolut kompatibel ist in dem Sinne der oben gegebenen Definition. Es ist überraschend, daß die Gravitationsgleichungen des leeren Raumes ihr Feld ebenso stark bestimmen wie die MAXWELLschen Gleichungen des elektromagnetischen.

Relativistische Feldtheorie

Allgemeines

Die eigentliche Leistung der (allgemeinen) Relativitätstheorie liegt darin, daß sie die Physik von der Notwendigkeit der Einführung des „Inertialsystems" (bzw. der Inertialsysteme) befreit hat. Das Unbefriedigende an diesem Begriff liegt darin: Er wählt ohne Begründung unter allen denkbaren Koordinatensystemen gewisse Systeme aus. Es wird dann angenommen, daß die Gesetze der Physik *nur* in bezug auf solche Inertialsysteme gelten (z. B. der Trägheits-Satz und das Gesetz von der Konstanz der Lichtgeschwindigkeit). Dadurch wird dem Raum als solchem eine Rolle im System der Physik zuerteilt, die ihn vor den übrigen Elementen der physikalischen Beschreibung auszeichnet: Er wirkt bestimmend auf alle Vorgänge, ohne daß diese auf ihn zurückwirken; eine solche Theorie ist zwar logisch möglich, aber andererseits doch recht unbefriedigend. NEWTON hatte diesen Mangel deutlich empfunden, aber auch klar verstanden, daß es für die damalige Physik keinen anderen Weg gab. Unter den Späteren war es besonders ERNST MACH, der diesen Punkt klar ins Licht brachte.

Wir fragen nun: Welche Neuerungen der nach-NEWTONschen Entwicklung der Grundlage der Physik haben die Überwindung des Inertialsystems möglich gemacht? In erster Linie ist es die Einführung des Feldbegriffs durch und im Anschluß an die FARADAY-MAXWELLsche Theorie des Elektromagnetismus, genauer gesagt die Einführung des Feldes als eines selbständigen nicht weiter reduzierbaren Grundbegriffs. Die allgemeine Relativitätstheorie kann — soweit wir es gegenwärtig beurteilen können — nur als Feldtheorie gedacht werden. Sie hätte sich nicht entwickeln können, wenn man an der Auffassung festgehalten hätte, daß die Realität aus materiellen Punkten bestehe, die unter dem Einfluß von zwischen ihnen wirkenden Kräften sich bewegen. Wenn man NEWTON die Gleichheit der trägen und schweren Masse aus dem Äquivalenzprinzip zu erklären versucht hätte, hätte er notwendig mit folgendem Einwand entgegnen müssen: Es ist zwar richtig, daß relativ zu einem beschleunigten Koordinatensystem die Körper solche Beschleunigung erfahren wie in der Nähe der Oberfläche eines gravitierenden Himmelskörpers relativ zu diesem; aber wo sind die Massen, welche im ersten Falle diese Beschleunigungen erzeugen? Zweifellos hat die Relativitätstheorie die Selbständigkeit des Feldbegriffs zur Voraussetzung.

Die mathematischen Erkenntnisse, welche die Aufstellung der allgemeinen Relativitätstheorie ermöglicht haben, verdanken wir den geometrischen Untersuchungen von GAUSS und RIEMANN. Ersterer hat in seiner Flächentheorie die metrischen Eigenschaften einer in einem dreidimensionalen EUKLIDischen Raum eingebetteten Fläche untersucht und gezeigt, daß diese durch Begriffe beschrieben werden können, die sich nur auf die Fläche selbst, nicht aber auf die Einbettung beziehen. Da es auf einer Fläche im allgemeinen kein ausgezeichnetes Koordinatensystem gibt, so führte diese Untersuchung zum ersten Mal dazu, die maßgebenden Größen in allgemeinen Koordinaten auszudrücken. RIEMANN hat dann diese zweidimensionale Flächentheorie auf Räume von beliebig vielen Dimensionen übertragen (Räume mit einer RIEMANNschen Metrik, die durch ein symmetrisches Tensorfeld vom zweiten Range charakterisiert ist). In dieser bewundernswerten Untersuchung fand er den allgemeinen Ausdruck für die Krümmung in mehrdimensionalen metrischen Räumen.

Diese hier angedeutete Entwicklung der für die Aufstellung der allgemeinen Relativität maßgebenden mathematischen Erkenntnisse brachte es mit sich, daß die RIEMANN-Metrik zunächst als der fundamentale Begriff angesehen wurde, auf dem die allgemeine Relativitätstheorie und damit die Vermeidung des Inertialsystems beruhe. Später hat jedoch Levi-Civitá mit Recht darauf hingewiesen, daß das Element der Theorie, welches unmittelbar die Vermeidung des Inertialsystems ermöglicht, das infinitesimale Verschiebungsfeld (Γ^l_{ik}) ist. Die Metrik bzw. das sie bestimmende symmetrische Tensorfeld g_{ik} hängt mit der Vermeidung des Inertialsystems nur indirekt zusammen, indem sie ein Verschiebungsfeld bestimmt. Folgende Überlegung macht dies deutlich.

Der Übergang von einem Inertialsystem zu einem andern wird durch eine *lineare* Transformation (besonderer Art) bestimmt. Hat man in zwei beliebig distanten Punkten P_1 und P_2 je einen Vektor $\underset{1}{A^i}$ bzw. $\underset{2}{A^i}$, deren entsprechende Komponenten einander gleich sind $\left(\underset{1}{A^i} = \underset{2}{A^i}\right)$, so bleibt diese Beziehung erhalten bei einer erlaubten Transformation. Sind nämlich in der Transformationsformel

$$A^{i*} = \frac{\partial x^{i*}}{\partial x^a} A^a$$

die Koeffizienten $\frac{\partial x^{i*}}{\partial x^a}$ von den x^a unabhängig, so ist die Transformationsformel für die Vektorkomponenten vom Orte unabhängig. Komponenten-Gleichheit zweier Vektoren in verschiedenen Punkten P_1 und P_2 ist daher bei Beschränkung auf Inertialsysteme eine invariante Beziehung. Wenn man aber den Begriff des Inertialsystems fallen läßt und damit beliebige kontinuierliche Transformationen der Koordinaten zuläßt, so daß die $\frac{\partial x^{i*}}{\partial x^a}$ von den x^a abhängen, verliert die Komponenten-Gleichheit zweier zu verschiedenen Raumpunkten gehöriger Vektoren ihre invariante Bedeutung, so daß zu verschiedenen Punkten gehörige Vektoren nicht mehr unmittelbar miteinander vergleichbar sind. Damit hängt es zusammen, daß man in einer allgemein relativistischen

Theorie nicht mehr durch einfacher Differentiation aus Tensoren neue Tensoren bilden kann, und daß es in einer solchen Theorie überhaupt viel weniger invariante Bildungen gibt. Dieser Armut wird durch die Einführung des infinitesimalen Verschiebungsfeldes abgeholfen. Dasselbe ist insofern ein Ersatz für das Inertialsystem, als es Vektoren in infinitesimal benachbarten Punkten miteinander vergleichbar macht. Von diesem Begriff ausgehend wollen wir im folgenden unter sorgfältiger Vermeidung alles Entbehrlichen die relativistische Feldtheorie darstellen.

Das Feld Γ der infinitesimalen Verschiebung

Ist A^i ein kontravarianter Vektor in einem Punkt P (Koordinaten x^t), so ordnen wir ihm einen Vektor $A^i + \delta A^i$ in dem infinitesimal benachbarten Punkte $(x^t + dx^t)$ zu durch die bilineare Bildung

$$\delta A^i = -\Gamma^i_{st} A^s dx^t , \tag{2}$$

wobei die Γ Funktionen der x^t sind. Ist A^i ein Vektorfeld, so sind andererseits die Komponenten von (A^i) im Punkt $(x^t + dx^t)$ gleich $A^i + dA^i$, wobei

$$dA^i = A^i{}_{,t}\, dx^t .$$

Die Differenz dieser beiden Vektoren im Nachbarpunkte $(x^t + dx^t)$ ist dann selbst ein Vektor

$$(A^i{}_{,t} + A^s \Gamma^i_{st})\, dx^t = A^i_t\, dx^t ,$$

der die Komponenten des Vektorfeldes in zwei unendlich benachbarten Punkten miteinander verknüpft. Das Verschiebungsfeld ersetzt insofern das Inertialsystem, als es diese Verknüpfung herstellt, die sonst durch das Inertialsystem geleistet wird. Der abgekürzt mit A^i_t bezeichnete Klammerausdruck ist ein Tensor.

Der Tensor-Charakter von A^i_t bestimmt das Tensorformationsgesetz für die Γ. Es ist zunächst

$$A^{i*}_{k} = \frac{\partial x^{i*}}{\partial x^i} \frac{\partial x^k}{\partial x^{k*}} A^i{}_k ,$$

wobei die Verwendung desselben Index-Buchstabens in den beiden Koordinatensystemen **nicht** bedeutet, daß die entsprechende Komponente gemeint ist. D. h. i in x^{i*} und in x^i laufen unabhängig voneinander von 1 bis 4. Bei einiger Gewöhnung erleichtert diese Bezeichnungsweise die Übersicht in den Gleichungssystemen erheblich. Nun ersetzt man

$$A^{i}{}_{k}^{*} \text{ durch } A^{i*}{}_{,k*} + A^{s*}\,\Gamma_{sk}^{i*}$$

$$A^{i}{}_{k} \text{ durch } A^{i}{}_{,k} + A^{s}\,\Gamma_{sk}^{i}$$

und hierin wieder A^{i*} durch $\frac{\partial x^{i*}}{\partial x^{i}} A^{i}$, $\frac{\partial}{\partial x^{k*}}$ durch $\frac{\partial x^{k}}{\partial x^{k*}} \cdot \frac{\partial}{\partial x^{k}}$. Dann erhält man eine Gleichung, die außer Γ^* nur Feldgrößen des ursprünglichen Systems und Ableitungen derselben nach den x des ursprünglichen Systems enthält. Durch Auflösung dieser Gleichung nach Γ^* erhält man die gesuchte Transformationsformel

$$\Gamma_{kl}^{i*} = \frac{\partial x^{i*}}{\partial x^{i}} \frac{\partial x^{k}}{\partial x^{k*}} \frac{\partial x^{l}}{\partial x^{l*}} \Gamma_{kl}^{i} - \frac{\partial^2 x^{i*}}{\partial x^{s}\,\partial x^{t}} \frac{\partial x^{s}}{\partial x^{k*}} \frac{\partial x^{t}}{\partial x^{l*}}, \tag{3}$$

deren zweites Glied auf der rechten Seite sich noch vereinfachen läßt:

$$-\frac{\partial^2 x^{i*}}{\partial x^{s}\,\partial x^{t}} \frac{\partial x^{s}}{\partial x^{k*}} \frac{\partial x^{t}}{\partial x^{l*}} = -\frac{\partial}{\partial x^{l*}}\left(\frac{\partial x^{i*}}{\partial x^{s}}\right)\frac{\partial x^{s}}{\partial x^{k*}}$$

$$= -\frac{\partial}{\partial x^{l*}}\left(\frac{\partial x^{i*}}{\partial x^{k*}}\right) + \frac{\partial x^{i*}}{\partial x^{s}} \frac{\partial^2 x^{s}}{\partial x^{k*}\,\partial x^{l*}} = \frac{\partial x^{i*}}{\partial x^{s}} \frac{\partial^2 x^{s}}{\partial x^{k*}\,\partial x^{l*}}. \tag{3a}$$

Wir nennen eine solche Größe einen *Pseudotensor*. Sie transformiert sich bei linearen Transformationen wie ein Tensor, während bei nichtlinearen Transformationen ein Term hinzukommt, der die zu transformierende Größe nicht enthält, sondern nur von den Transformations-Größen abhängt.

Bemerkungen über das Verschiebungsfeld

1. Die durch Transponieren der unteren Indizes gebildete Größe $\tilde{\Gamma}^{l}_{ik}$ ($\equiv \Gamma^{l}_{ki}$) transformiert sich ebenfalls gemäß (3), ist also ebenfalls ein Verschiebungsfeld.

2. Symmetrisiert bzw. antisymmetrisiert man Gleichung (3) in bezug auf die unteren Indizes k^*, l^*, so erhält man die beiden Gleichungen

$$\Gamma^{i*}_{\underline{kl}}\left(=\frac{1}{2}(\Gamma^{i*}_{kl}+\Gamma^{i*}_{k})\right)=\frac{\partial x^{i^*}}{\partial x^i}\,\frac{\partial x^k}{\partial x^{k^*}}\,\frac{\partial x^l}{\partial x^{l^*}}\,\Gamma^{i}_{\underline{kl}} - \frac{\partial^2 x^{i^*}}{\partial x^s\,\partial x^t}\,\frac{\partial x^s}{\partial x^{k^*}}\,\frac{\partial x^t}{\partial x^{l^*}}$$

$$\Gamma^{i*}_{\underset{\vee}{kl}}\left(=\frac{1}{2}(\Gamma^{i*}_{kl}-\Gamma^{i*}_{lk})\right)=\frac{\partial x^{i^*}}{\partial x^i}\,\frac{\partial x^k}{\partial x^{k^*}}\,\frac{\partial x}{\partial x^{l^*}}\,\Gamma^{i}_{\underset{\vee}{kl}}\,.$$

Die beiden Symmetrie-Bestandteile von Γ^{i}_{kl} transformieren sich also unabhängig voneinander, d. h. ohne sich zu vermischen. Sie erscheinen daher vom Standpunkte des Transformationsgesetzes als selbständige Größen. Die zweite der Gleichungen zeigt, daß sich $\Gamma^{i}_{\underset{\vee}{kl}}$ wie ein Tensor transformiert. Vom Gesichtspunkt der Transformations-Gruppe aus betrachtet erscheint es deshalb zunächst unnatürlich, diese beiden Bestandteile additiv zu einer einheitlichen Größe zu verbinden.

3. Andererseits aber treten die unteren Indizes von Γ in der Definitionsgleichung (2) als ungleichwertige Indizes auf, so daß kein Anlaß dafür besteht, die Γ durch die Bedingung der Symmetrie in den unteren Indizes einzuschränken. Tut man dies trotzdem, so wird man zu der Theorie des reinen Gravitationsfeldes geführt. Unterwirft man aber die Γ keiner einschränkenden Symmetrie-Bedingung, so gelangt man zu derjenigen Verallgemeinerung des Gravitationsgesetzes, die mir als die natürlichste erscheint.

Der Krümmungs-Tensor

Trotzdem das Γ-Feld selbst nicht Tensor-Charakter hat, involviert es die Existenz eines Tensors. Man erhält ihn am einfachsten, indem man einen Vektor A^i unter Anwendung von (2) um die Umrandung eines infinitesimalen (zweidimensionalen) Flächenelementes herum verschiebt und die Änderung berechnet, die er dabei bei einem Umlauf erfährt. Diese Änderung hat dann Vektor-Charakter.

Es seien $\underset{\circ}{x}^t$ die Koordinaten eines Punktes der Umrandung, x^t die eines anderen Punktes auf dieser Randkurve. Dann ist $\xi^t = x^t - \underset{\circ}{x}^t$ für alle Punkte der Randkurve klein und kann als Basis für die Beurteilung von Größenordnungen verwendet werden.

Das zu berechnende Integral $\oint \delta A^i$ ist dann in ausführlicher Schreibweise

$$-\oint \underline{\Gamma^i_{st}}\,\underline{A^s}\,dx^t \quad \text{oder} \quad -\oint \underline{\Gamma^i_{st}}\,\underline{A^s}\,d\xi^t\,.$$

Das Unterstreichen der Größen im Integranden deutet an, daß diese Größen für die sukzessiven Punkte der Umrandung zu nehmen sind (nicht für den Ausgangspunkt $\xi^t = 0$).

Wir berechnen zunächst in der niedrigsten Näherung den Wert von $\underline{A^i}$ für einen beliebigen Punkt ξ^t der Umrandung. Diese niedrigste Näherung erhalten wir, indem wir in dem Integral über einen nun offenen Weg für $\underline{\Gamma^i_{st}}$ und $\underline{A^s}$ die Werte Γ^i_{st} und A^s für den Ausgangspunkt der Integration ($\xi^t = 0$) einsetzen. Die Integration liefert dann

$$\underline{A^i} = A^i - \Gamma^i_{st}\,A^s \int d\xi^t = A^i - \Gamma^i_{st}\,A^s\,\xi^t\,.$$

Was hierbei vernachlässigt ist, sind Terme, die in den ξ vom zweiten und höheren Grade sind. Mit derselben Näherung erhält man unmittelbar

$$\underline{\Gamma^i_{st}} = \Gamma^i_{st} + \Gamma^i_{st,r}\,\xi^r\,.$$

Setzt man dies in obiges Integral ein, so ergibt sich zunächst bei passender Bezeichnung der Summations-Indizes

$$-\oint (\Gamma^i_{st} + \Gamma^i_{st,q}\,\xi^q)\,(A^s - \Gamma^s_{pq}\,A^p\,\xi^q)\,d\xi^t\,,$$

wobei alle Größen mit Ausnahme der ξ für den Ausgangspunkt der Integration zu nehmen sind. Es ergibt sich daher daraus

$$-\Gamma^i_{st} A^s \oint d\xi^t - \Gamma^i_{st,q} A^s \oint \xi^q d\xi^t + \Gamma^i_{st} \Gamma^s_{pq} A^p \oint \xi^q d\xi^t ,$$

wobei die Integrale über die geschlossene Randkurve zu erstrecken sind. (Das erste Glied verschwindet, weil sein Integral verschwindet.) Das mit ξ^2 proportionale Glied ist, weil von höherer Größenordnung, weggelassen. Die beiden anderen geben zusammengefaßt

$$[-\Gamma^i_{pt,q} + \Gamma^i_{st} \Gamma^s_{pq}] A^p \oint \xi^q d\xi^t .$$

Dies ist die Änderung ΔA^i, welche der Vektor A^i bei Verschiebung über die Randkurve erfährt. Nun ist

$$\oint \xi^q d\xi^t = \oint d(\xi^q \xi^t) - \oint \xi^t d\xi^q = -\oint \xi^t d\xi^q .$$

Dies Integral ist also antisymmetrisch in t und q und hat außerdem Tensor-Charakter. Wir schreiben dafür f^{tq}. Wäre f^{tq} ein *beliebiger* Tensor, so würde aus dem Vektor-Charakter von ΔA^i der Tensor-Charakter des Klammerausdrucks in der vorletzten Formel folgen. So aber folgt nur der Tensor-Charakter des nach t und q antisymmetrisierten Klammerausdrucks. Dies ist der Krümmungstensor

$$R^i_{klm} \equiv \Gamma^i_{kl,m} - \Gamma^i_{km,l} - \Gamma^i_{sl} \Gamma^s_{km} + \Gamma^i_{sm} \Gamma^s_{kl} . \quad (4)$$

Die Stellung aller Indizes ist hierbei festgelegt. Durch Verjüngung nach i und m erhält man daraus den verjüngten Krümmungstensor

$$R_{ik} \equiv \Gamma^s_{ik,s} - \Gamma^s_{is,k} - \Gamma^s_{it} \Gamma^t_{sk} + \Gamma^s_{ik} \Gamma^t_{st} . \quad (4a)$$

Die λ-Transformation

Die Krümmung hat eine Eigenschaft, die für das Folgende von Bedeutung ist. Ist Γ ein Verschiebungsfeld, so definieren wir hierzu ein anderes, Γ^*, gemäß der Formel

$$\Gamma^{l*}_{ik} = \Gamma^l_{ik} + \delta^l_i \lambda_{,k} , \quad (5)$$

wobei λ eine beliebige Funktion der Koordinaten, δ^l_i der

KRONECKER-Tensor ist („λ-Transformation"). Bildet man $R^i{}_{klm}(\Gamma^*)$, indem man Γ^* durch die rechte Seite von (5) ersetzt, so hebt sich λ heraus, so daß man hat

$$\left.\begin{aligned} R^i{}_{klm}(\Gamma^*) &= R^i{}_{klm}(\Gamma) \\ \text{sowie} \qquad R_{ik}(\Gamma^*) &= R_{ik}(\Gamma)\,. \end{aligned}\right\} \tag{6}$$

Die Krümmung ist invariant gegenüber λ-Transformationen („λ-Invarianz"). Hat man also eine Theorie, in welche Γ nur in der Form des Krümmungstensors eingeht, so kann diese das Γ-Feld nicht vollständig, sondern nur bis auf eine willkürlich bleibende Funktion λ bestimmen. In einer solchen Theorie hat man Γ und Γ^* als Darstellungen desselben Feldes zu betrachten in demselben Sinne, wie wenn Γ^* aus Γ durch bloße Koordinatentransformation hervorgeht.

Es ist bemerkenswert, daß die λ-Transformation im Gegensatz zu der Koordinaten-Transformation aus einem in i und k symmetrischen Γ ein nicht symmetrisches Γ^* erzeugt. Die Symmetrie-Forderung für die Γ verliert also in einer solchen Theorie ihre objektive Bedeutung.

Die hauptsächliche Bedeutung der λ-Invarianz liegt darin, daß sie einen Einfluß hat auf die „Stärke" des Systems der Feldgleichungen, wie sich später zeigen wird.

Die Forderung der „Transpositions-Invarianz"

Die Einführung nicht symmetrischer Felder begegnet folgender Schwierigkeit. Wenn Γ^l_{ik} ein Verschiebungsfeld ist, so ist auch $\tilde{\Gamma}^l_{ik} (= \Gamma^l_{ki})$ ein Verschiebungsfeld. Wenn g_{ik} ein Tensor ist, so ist auch $\tilde{g}_{ik} (= g_{ki})$ ein Tensor. Hieraus erwächst eine große Mannigfaltigkeit kovarianter Bildungen, zwischen denen die Forderung der Relativität allein keine Auswahl liefert. Wir wollen diese Schwierigkeit an einem Beispiel demonstrieren und zeigen, wie sie in natürlicher Weise überwunden werden kann.

In der Theorie des symmetrischen Feldes spielt der Tensor

$$(W_{ikl} \equiv) \, g_{ik,l} - g_{sk} \Gamma^s_{il} - g_{is} \Gamma^s_{lk}$$

eine wichtige Rolle. Setzt man ihn gleich 0, so hat man eine Gleichung, welche die Γ in den g auszudrücken, d. h. die Γ zu eliminieren gestattet. Ausgehend von der oben gezeigten Tatsache, daß

$$A^i_l \equiv A^i{}_{,l} + A^s \Gamma^i_{sl}$$

ein Tensor ist und daß ein beliebiger kontravarianter Tensor in der Form $\sum_t \underset{(t)}{A^i} \underset{(t)}{B^k}$ dargestellt werden kann, läßt sich ohne Schwierigkeit beweisen, daß der obige Ausdruck auch dann Tensor-Charakter hat, wenn die Felder g und Γ nicht symmetrisch sind.

Im letzteren Falle geht aber der Tensor-Charakter nicht verloren, wenn man z. B. im letzten Gliede Γ^s_{lk} transponiert, d. h. durch Γ^s_{kl} ersetzt. [Dies folgt daraus, daß $g_{is} (\Gamma^s_{kl} - \Gamma^s_{lk})$ ein Tensor ist.] Es gibt auch noch andere, wenn auch weniger einfache Bildungen, die den Tensor-Charakter wahren und als Übertragung des obigen Ausdruckes auf den Fall des nicht symmetrischen Feldes aufgefaßt werden können. Wenn man also die durch Nullsetzen des obigen Ausdruckes erlangte Beziehung zwischen den g und Γ auf das nicht symmetrische Feld übertragen will, so scheint dies nicht ohne Willkür möglich zu sein.

Die oben gegebene Bildung hat aber eine Eigenschaft, die sie vor den anderen möglichen Bildungen auszeichnet. Wenn man in ihr gleichzeitig g_{ik} durch $\tilde{g}_{ik}$ und Γ^l_{ik} durch $\tilde{\Gamma}^l_{ik}$ ersetzt und hierauf noch die Indizes i und k vertauscht, so geht er in sich selbst über; er ist „transpositions-symmetrisch“ in bezug auf die Indizes i und k. Die durch Nullsetzen des Ausdrucks erhaltene Gleichung ist „transpositions-invariant“. Wenn die g und Γ symmetrisch sind, so ist diese Bedingung natürlich auch erfüllt; sie ist eine Verallgemeinerung der Bedingung, daß die Feldgrößen symmetrisch sein sollen.

Wir postulieren für die Feldgleichungen des nicht symmetrischen Feldes, daß sie transpositions-invariant sein sollen. Ich denke, daß diese Forderung vom physikalischen Gesichtspunkte der Forderung entspricht, daß positive und negative Elektrizität symmetrisch in die Gesetze eingehen.

Ein Blick auf (4a) zeigt nun, daß der Tensor R_{ik} nicht völlig transpositions-symmetrisch ist, indem er bei der angegebenen Operation in

$$(R^*_{ik} \equiv)\ \Gamma^s_{ik,s} - \Gamma^s_{sk,i} - \Gamma^s_{it}\,\Gamma^t_{sk} + \Gamma^s_{ik}\,\Gamma^t_{ts}$$

übergeht. Auf dieser Tatsache beruhen die Schwierigkeiten, denen man bei der Bemühung begegnet, transpositions-invariante Feldgleichungen aufzustellen.

Der Pseudo-Tensor U^l_{ik}

Es zeigt sich nun, daß sich aus R_{ik} ein transpositions-invarianter Tensor bilden läßt, indem man statt der Γ^l_{ik} einen etwas abweichenden Pseudo-Tensor U^l_{ik} einführt. Man kann in (4a) die beiden in den Γ linearen Terme formal zu einem einzigen zusammenfassen. Man ersetzt $\Gamma^s_{ik,s} - \Gamma^s_{is,k}$ durch $(\Gamma^s_{ik} - \Gamma^t_{it}\,\delta^s_k)_{,s}$ und definiert einen neuen Pseudo-Tensor U^l_{ik} durch die Gleichung

$$U^l_{ik} = \Gamma^l_{ik} - \Gamma^t_{it}\,\delta^l_k\,. \tag{7}$$

Drückt man Γ durch U aus, so erhält man, weil aus (7) durch Verjüngen nach k und l

$$U^t_{it} = -\,3\,\Gamma^t_{it}$$

folgt,

$$\Gamma^l_{ik} = U^l_{ik} - \frac{1}{3}\,U^t_{it}\,\delta^l_k\,. \tag{7a}$$

Ersetzt man mittels dieser Gleichung in (4a) die Γ durch die U, so ergibt sich

$$(S_{ik} \equiv)\ U^s_{ik,s} - U^s_{it}\,U^t_{sk} + \frac{1}{3}\,U^s_{is}\,U^t_{tk} \tag{8}$$

Dieser Ausdruck ist aber transpositions-symmetrisch. Hierauf beruht die Bedeutung des Pseudo-Tensors U für die Theorie des nicht symmetrischen Feldes.

Die λ-Transformation für U. Drückt man in (5) die Γ durch die U aus, so erhält man nach einfacher Umrechnung

$$U^{l*}_{ik} = U^l_{ik} + (\delta^l_i \lambda_{,k} - \delta^l_k \lambda_{,i}) . \tag{9}$$

Dies drückt die λ-Transformation für die U aus. (8) ist invariant bezüglich dieser Transformation $\big(S_{ik}(U^*) = S_{ik}(U)\big)$.

Das Transformationsgesetz für die U. Ersetzt man in (3), (3a) die Γ durch die U mittels (7a), so erhält man nach einfacher Umformung

$$U^{l*}_{ik} = \frac{\partial x^{l*}}{\partial x^l}\frac{\partial x^i}{\partial x^{i*}}\frac{\partial x^k}{\partial x^{k*}} U^l_{ik} + \frac{\partial x^{l*}}{\partial x^s}\frac{\partial^2 x^s}{\partial x^{i*}\partial x^{k*}} - \delta^{l*}_{k*}\frac{\partial x^{t*}}{\partial x^s}\frac{\partial^2 x^s}{\partial x^{i*}\partial x^{t*}} . \tag{10}$$

Dabei ist wieder zu beachten, daß die auf die beiden Systeme sich beziehenden Indizes auch bei Verwendung des gleichen Buchstabens *unabhängig voneinander* alle Werte von 1 bis 4 durchlaufen. An dieser Formel fällt auf, daß sie wegen des letzten Terms nicht transpositions-invariant ist bezüglich der Indizes i und k. Diese sonderbare Tatsache läßt sich erhellen durch den Beweis, daß man sich diese Transformation aus einer transpositions-symmetrischen Koordinaten-Transformation und einer λ-Transformation zusammengesetzt denken kann. Um dies einzusehen, schreiben wir zunächst den letzten Term in der Form

$$-\frac{1}{2}\left[\delta^{l*}_{k*}\frac{\partial x^{t*}}{\partial x^s}\frac{\partial^2 x^s}{\partial x^{i*}\partial x^{t*}} + \delta^{l*}_{i*}\frac{\partial x^{t*}}{\partial x^s}\frac{\partial^2 x^s}{\partial x^{k*}\partial x^{t*}}\right] + \frac{1}{2}\left[\delta^{l*}_{i*}\frac{\partial x^{t*}}{\partial x^s}\frac{\partial^2 x^s}{\partial x^{k*}\partial x^{t*}} - \delta^{l*}_{k*}\frac{\partial x^{t*}}{\partial x^s}\frac{\partial^2 x^s}{\partial x^{i*}\partial x^{t*}}\right] . \tag{10a}$$

Der erste dieser beiden Terme ist transpositionssymmetrisch und werde mit den beiden ersten Termen der rechten Seite von (10) zu einem Ausdruck K_{ik}^{l*} vereinigt. Nun überlegen wir, was entsteht, wenn wir die Transformation $U_{ik}^{l*} = K_{ik}^{l*}$ mit der λ-Transformation

$$U_{ik}^{l**} = U_{ik}^{l*} + (\delta_{i*}^{l*}\lambda_{,k*} - \delta_{k*}^{l*}\lambda_{,i*})$$

zusammensetzen. Die Komposition ergibt

$$U_{ik}^{l**} = K_{ik}^{l*} + (\delta_{i*}^{l*}\lambda_{,k*} - \delta_{k*}^{l*}\lambda_{,i*}) .$$

Hieraus folgt, daß (10) als eine solche Komposition betrachtet werden kann, wenn der zweite Term von (10a) in die Form $\delta_{i*}^{l*}\lambda_{,k*} - \delta_{k*}^{l*}\lambda_{,i*}$ gebracht werden kann. Hierfür aber genügt es, zu zeigen, daß ein λ existiert, so daß

$$\frac{1}{2}\frac{\partial x^{t*}}{\partial x^s}\frac{\partial^2 x^s}{\partial x^{k*}\,\partial x^{t*}} = \lambda_{,k*} \tag{11}$$

$$\left(\text{und}\ \frac{1}{2}\frac{\partial x^{t*}}{\partial x^s}\frac{\partial^2 x^s}{\partial x^{i*}\,\partial x^{t*}} = \lambda_{,i*}\right).$$

Um die linke Seite der zunächst hypothetisch gesetzten Gleichung umzuformen, müssen wir zunächst $\frac{\partial x^{t*}}{\partial x^s}$ durch die Koeffizienten der inversen Transformation, $\frac{\partial x^a}{\partial x^{b*}}$, ausdrücken. Es ist einerseits

$$\frac{\partial x^p}{\partial x^{t*}}\frac{\partial x^{t*}}{\partial x^s} = \delta_s^p , \tag{a}$$

andererseits

$$\frac{\partial x^p}{\partial x^{t*}} V_{t*}^s = \frac{\partial x^p}{\partial x^{t*}} \frac{\partial D}{\partial\left(\frac{\partial x^s}{\partial x^{t*}}\right)} = D\,\delta_s^p .$$

Hierbei bedeutet V_{t*}^s die Unterdeterminante zu $\frac{\partial x^s}{\partial x^{t*}}$, die sich ihrerseits als die Ableitung der Determinante

$D = \left|\frac{\partial x^a}{\partial x^{b*}}\right|$ nach $\frac{\partial x^s}{\partial x^{t*}}$ ausdrücken läßt. Man hat also auch

$$\frac{\partial x^p}{\partial x^{t*}} \cdot \frac{\partial \log D}{\partial\left(\frac{\partial x^s}{\partial x^{t*}}\right)} = \delta_s^p . \tag{b}$$

Aus (a) und (b) folgt

$$\frac{\partial x^{t*}}{\partial x^s} = \frac{\partial \log D}{\partial\left(\frac{\partial x^s}{\partial x^{t*}}\right)} .$$

Auf Grund dieser Beziehung läßt sich die linke Seite von (11) schreiben

$$\frac{1}{2}\frac{\partial \log D}{\partial\left(\frac{\partial x^s}{\partial x^{t*}}\right)}\left(\frac{\partial x^s}{\partial x^{t*}}\right)_{,k*} = \frac{1}{2}\frac{\partial \log D}{\partial x^{k*}} .$$

Hieraus folgt, daß (11) tatsächlich erfüllt ist durch

$$\lambda = \frac{1}{2}\log D .$$

Damit ist bewiesen, daß die Transformation (10) sich auffassen läßt als Komposition der transpositions-invarianten Transformation

$$U_{ik}^{l*} = \frac{\partial x^{l*}}{\partial x^l}\frac{\partial x^i}{\partial x^{i*}}\frac{\partial x^k}{\partial x^{k*}} U_{ik}^l + \frac{\partial x^{l*}}{\partial x^s}\frac{\partial^2 x^s}{\partial x^{i*}\partial x^{k*}} - \frac{1}{2}\left[\delta_{k*}^{l*}\frac{\partial x^{t*}}{\partial x^s}\frac{\partial^2 x^s}{\partial x^{i*}\partial x^{t*}} + \delta_{i*}^{l*}\frac{\partial x^{t*}}{\partial x^s}\frac{\partial^2 x^s}{\partial x^{k*}\partial x^{t*}}\right] \tag{10b}$$

und einer λ-Transformation. [(10b) kann also an Stelle von (10) als Transformationsformel für die U gesetzt werden.] Jede Transformation der U, die lediglich die Form der Darstellung verändert, läßt sich durch die Komposition einer Koordinaten-Transformation gemäß (10b) und einer λ-Transformation ausdrücken.

Variations-Prinzip und Feldgleichungen

Die Ableitung der Feldgleichungen aus einem Variationsprinzip hat den Vorteil, daß die Kompatibilität des resultierenden Gleichungssystems gewährleistet wird und daß die mit der allgemeinen Kovarianz verbundenen Identitäten („BIANCHI-Identitäten") sowie die Erhaltungssätze sich in systematischer Weise ergeben.

Das zu variierende Integral verlangt als Integrand $\mathfrak{H}$ eine skalare Dichte. Eine solche wollen wir aus R_{ik} bzw. S_{ik} bilden. Dies geschieht am einfachsten durch Einführung einer kontravarianten Tensordichte $\mathfrak{g}^{ik}$ vom Gewicht 1 neben den Γ bzw. U, indem man setzt

$$\mathfrak{H} = \mathfrak{g}^{ik} R_{ik} (= \mathfrak{g}^{ik} S_{ik}) \,. \tag{12}$$

Das Transformationsgesetz der $\mathfrak{g}^{ik}$ muß sein

$$\mathfrak{g}^{ik*} = \frac{\partial x^{i*}}{\partial x^i} \frac{\partial x^{k*}}{\partial x^k} \mathfrak{g}^{ik} \left| \frac{\partial x^t}{\partial x^{t*}} \right| , \tag{13}$$

wobei wieder die auf verschiedene Koordinatensysteme bezüglichen Indizes trotz Verwendung derselben Buchstaben für die Indizes als voneinander unabhängig zu behandeln sind. In der Tat ist dann

$$\int \mathfrak{H}^* \, d\tau^* = \int \frac{\partial x^{i*}}{\partial x^i} \frac{\partial x^{k*}}{\partial x^k} \mathfrak{g}^{ik} \left| \frac{\partial x^t}{\partial x^{t*}} \right| \frac{\partial x^s}{\partial x^{i*}} \frac{\partial x^t}{\partial x^{t*}} \times S_{st} \left| \frac{\partial x^{r*}}{\partial x^r} \right| d\tau = \int \mathfrak{H} \, d\tau \,,$$

so daß das Integral transformations-invariant ist. Das Integral ist ferner invariant gegenüber einer λ-Transformation (5) bzw. (9), weil das durch die Γ bzw. U ausgedrückte R_{ik} und damit auch $\mathfrak{H}$ gegenüber der λ-Transformation invariant ist. Hieraus folgt, daß auch die durch Variation von $\int \mathfrak{H} \, d\tau$ abzuleitenden Feldgleichungen kovariant sind in bezug auf Koordinaten- und λ-Transformationen.

Wir postulieren aber auch, daß die Feldgleichungen transpositions-invariant sein sollen in bezug auf die beiden Felder $\mathfrak{g}$, Γ bzw. $\mathfrak{g}$, U. Dies ist von vornherein gesichert, wenn $\mathfrak{H}$ transpositions-invariant ist. Nun haben wir aber gesehen, daß das in den U, nicht aber das in den Γ ausgedrückte R_{ik} transpositions-symmetrisch ist. Daraus folgt, daß $\mathfrak{H}$ nur dann transpositions-invariant ist, wenn wir die U (und nicht die Γ) (zusammen mit $\mathfrak{g}^{ik}$) als Feldvariable einführen. Dann aber sind wir von vornherein sicher, daß die aus $\int \mathfrak{H}\, d\tau$ durch Variation der Feldvariabeln abgeleiteten Feldgleichungen transpositions-invariant sind.

Aus (12) folgt mit Rücksicht auf (8) durch Variieren nach $\mathfrak{g}$ und U

$$\left.\begin{aligned} \delta\mathfrak{H} &= S_{ik}\,\delta\mathfrak{g}^{ik} - \mathfrak{R}^{ik}{}_{l}\,\delta U^{l}_{ik} + (\mathfrak{g}^{ik}\,\delta U^{s}_{ik})_{,s}\,, \\ \text{wobei}\quad S_{ik} &= U^{s}_{ik,s} - U^{s}_{it}\,U^{t}_{sk} + \frac{1}{3}\,U^{s}_{is}\,U^{t}_{tk}\,, \\ \mathfrak{R}^{ik}{}_{l} &= \mathfrak{g}^{ik}{}_{,l} + \mathfrak{g}^{sk}\left(U^{i}_{sl} - \frac{1}{3}\,U^{t}_{st}\,\delta^{i}_{l}\right) \\ &\quad + \mathfrak{g}^{is}\left(U^{k}_{ls} - \frac{1}{3}\,U^{t}_{ts}\,\delta^{k}_{l}\right). \end{aligned}\right\} \qquad (14)$$

Die Feldgleichungen

Das Variationsprinzip lautet

$$\delta\left(\int \mathfrak{H}\, d\tau\right) = 0\,. \qquad (15)$$

Es ist nach den $\mathfrak{g}^{ik}$ und U^{l}_{ik} unabhängig zu variieren mit der Bedingung, daß die Variationen an den Integrationsgrenzen verschwinden. Diese Variation liefert zunächst

$$\int \delta\mathfrak{H}\, d\tau = 0\,.$$

Setzt man hierin den in (14) gegebenen Ausdruck ein, so liefert der letzte Term des Ausdrucks für $\delta\mathfrak{H}$ wegen des Verschwindens von δU^{l}_{ik} an den Integrationsgrenzen keinen Beitrag. Es ergeben sich daher die Feldgleichungen

$$S_{ik} = 0\,, \tag{16a}$$

$$\mathfrak{N}^{ik}{}_{l} = 0\,. \tag{16b}$$

Diese sind — wie auch schon aus der Wahl des Variations-Prinzips hervorgeht — invariant in bezug auf Koordinaten- und λ-Transformationen und auch transpositions-invariant.

Identitäten

Diese Feldgleichungen sind nicht unabhängig voneinander. Es bestehen zwischen ihnen $4 + 1$ Identitäten, d. h., es bestehen $4 + 1$ Gleichungen zwischen ihren linken Seiten, die davon unabhängig gelten, ob das $\mathfrak{g}$-U-Feld die Feldgleichungen erfüllt oder nicht.

Diese Identitäten lassen sich nach einer wohlbekannten Methode aus der Tatsache ableiten, daß $\int \mathfrak{H}\, d\tau$ invariant ist gegenüber Koordinaten- und gegenüber λ-Transformationen.

Hieraus folgt nämlich, daß die Variation dieses Integrals *identisch* verschwindet, wenn man die $\delta\mathfrak{g}$ und δU speziell so wählt, wie sie sich aus einer infinitesimalen Koordinaten-Transformation bzw. einer infinitesimalen λ-Transformation ergeben.

Eine infinitesimale Koordinaten-Transformation ist beschrieben durch

$$x^{i*} = x^{i} + \xi^{i}\,, \tag{17}$$

wobei ξ^{i} ein beliebiger infinitesimaler Vektor ist. Man hat nun die $\delta\mathfrak{g}^{ik}$ und δU^{l}_{ik} durch die ξ auszudrücken, wie sie sich aus (13) und (10b) ergeben. Dabei ist wegen (17)

$$\frac{\partial x^{a*}}{\partial x^{b}} \text{ durch } \delta^{a}_{b} + \xi^{a}{}_{,b}\,, \qquad \frac{\partial x^{a}}{\partial x^{b*}} \text{ durch } \delta^{a}_{b} - \xi^{a}{}_{,b}$$

zu ersetzen, und es sind alle Terme weggelassen, die in

ξ von höherem als ersten Grade sind. Man erhält so

$$\delta \mathfrak{g}^{ik} (= \mathfrak{g}^{ik*} - \mathfrak{g}^{ik}) = \mathfrak{g}^{sk} \xi^i{}_{,s} + \mathfrak{g}^{is} \xi^k{}_{,s} - \mathfrak{g}^{ik} \xi^s{}_{,s} + [- \mathfrak{g}^{ik}{}_{,s} \xi^s] \,, \qquad (13\text{a})$$

$$\delta U^l_{ik} (= U^{l*}_{ik} - U^l_{ik}) = U^s_{ik} \xi^l{}_{,s} - U^l_{sk} \xi^s{}_{,i} - U^l_{is} \xi^s{}_{,k} + [- U^l_{ik,s} \xi^s] \,. \qquad (10\text{c})$$

Hier ist folgendes zu bemerken: Die Transformationsformeln liefern die neuen Werte der Feldvariabeln *für denselben Punkt des Kontinuums*. Die angedeutete Rechnung liefert zunächst Ausdrücke für $\delta \mathfrak{g}^{ik}$ und δU^l_{ik} ohne die eingeklammerten Terme. In der Variationsrechnung bezeichnet andererseits $\delta \mathfrak{g}^{ik}$ und δU^l_{ik} die Variation *bei festgehaltenen Werten der Koordinaten*. Um letztere zu erhalten, hat man die eingeklammerten Terme hinzuzufügen.

Wenn man in (14) diese $\delta \mathfrak{g}$ und δU einsetzt, welche „Transformations-Variationen" entsprechen, so verschwindet die Variation des Integrals $\int \mathfrak{H}\, d\tau$ identisch. Wenn außerdem die ξ^i so gewählt werden, daß sie an den Integrationsgrenzen nebst ihren ersten Ableitungen verschwinden, so verschwindet der Beitrag des letzten Gliedes in (14). Es verschwindet dann das Integral

$$\int (S_{ik}\, \delta \mathfrak{g}^{ik} - \mathfrak{N}^{ik}{}_l\, \delta U^l_{ik})\, \delta\tau$$

identisch, wenn für die $\delta \mathfrak{g}^{ik}$ und δU^l_{ik} die in (13a) und (10c) gegebenen Ausdrücke eingesetzt werden. Da dies Integral die ξ und deren Ableitungen nur linear homogen enthält, so läßt es sich durch wiederholte partielle Integration in die Form bringen

$$\int \mathfrak{W}_i\, \xi^i\, d\tau \,,$$

wobei $\mathfrak{W}_i$ ein bekannter Ausdruck ist, der in S_{ik} von der ersten, in den $\mathfrak{N}^{ik}{}_l$ von der zweiten Ordnung ist.

Hieraus folgen die Identitäten

$$W_i \equiv 0 \,. \qquad (18)$$

Dies sind vier Identitäten für die linken Seiten S_{ik} und $\mathfrak{N}^{ik}{}_l$ der Feldgleichungen, welche den BIANCHI-Identitäten entsprechen. Gemäß der von uns früher eingeführten Bezeichnungsweise sind diese Identitäten von der dritten Ordnung. –

Es existiert eine fünfte Identität, welche der Invarianz des Integrals $\int \mathfrak{H}\, d\tau$ bezüglich infinitesimalen λ-Transformationen entspricht. Hier ist in (14) zu setzen

$$\delta \mathfrak{g}^{ik} = 0\,, \qquad \delta U^l_{ik} = \delta^l_i \lambda_{,k} - \delta^l_k \lambda_{,i}\,,$$

wobei λ unendlich klein ist und an den Integrationsgrenzen verschwindet. Man erhält so zunächst

$$\int \mathfrak{N}^{ik}{}_l \,(\delta^l_i \lambda_{,k} - \delta^l_k \lambda_{,i})\, \delta\tau \equiv 0$$

oder nach partieller Integration

$$2 \int \mathfrak{N}^{\underset{\vee}{i}}{}_{s,\,i}\, \lambda\, d\tau \equiv 0\,,$$

wobei allgemein

$$\mathfrak{N}^{\underset{\vee}{ik}}{}_l = \frac{1}{2}\,(\mathfrak{N}^{ik}{}_l - \mathfrak{N}^{ki}{}_l)\,.$$

Dies liefert die gesuchte Identität

$$\mathfrak{N}^{\underset{\vee}{is}}{}_{s,\,i} \equiv 0\,. \tag{19}$$

Sie ist in der gewählten Bezeichnungsweise eine Identität von der zweiten Ordnung. Für $\mathfrak{N}^{\underset{\vee}{is}}{}_s$ ergibt sich aus (14) durch Ausrechnen

$$\mathfrak{N}^{\underset{\vee}{is}}{}_s \equiv \mathfrak{g}^{\underset{\vee}{is}}{}_{,\,s}\,. \tag{19a}$$

Wenn die Feldgleichung (16b) erfüllt ist, so gilt

$$\mathfrak{g}^{\underset{\vee}{is}}{}_{,\,s} = 0\,. \tag{16c}$$

Bemerkung zur physikalischen Interpretation. Ein Vergleich mit der MAXWELLschen Theorie des elektromagnetischen Feldes legt die Interpretation nahe, daß (16c) das Verschwinden der magnetischen

Stromdichte ausdrückt. Wenn man dies akzeptiert, so ist auch klar, was man als Ausdruck der elektrischen Stromdichte anzusehen hat. Der Tensordichte $\mathfrak{g}^{ik}$ kann man einen Tensor g^{ik} zuordnen durch die Festsetzung

$$\mathfrak{g}^{ik} = g^{ik}\sqrt{-|g_{st}|}\,,$$

wobei der kovariante Tensor g_{ik} dem kontravarianten durch die Beziehung

$$g_{is}\,g^{ks} = \delta_i^k \tag{21}$$

zugeordnet wird. Aus diesen beiden Gleichungen folgt

$$g^{ik} = \mathfrak{g}^{ik}\,(-|\mathfrak{g}^{st}|)^{-1/2}$$

und hieraus und aus (21) dann g_{ik}. Dann dürfte

$$(a_{ikl} =)\; g_{\underset{\vee}{ik},l} + g_{\underset{\vee}{kl},i} + g_{\underset{\vee}{li},k} \tag{22}$$

bzw.

$$\mathfrak{a}^m = \frac{1}{6}\,\eta^{iklm}\,a_{ikl} \tag{22a}$$

die Stromdichte ausdrücken, wobei η^{iklm} die in allen Indizes antisymmetrische Tensor-Dichte (mit den Komponenten ± 1) von Levi-Cività bedeutet. Die Divergenz dieser Größe verschwindet identisch.

Die Stärke des Gleichungssystems (16a), (16b)

Um diese nach der oben erläuterten Abzählungs-Methode zu ermitteln, hat man zu beachten, daß die gemäß (9) durch λ-Transformationen aus einem U zu gewinnenden U^* in Wahrheit alle dasselbe U-Feld darstellen. Dies bringt es mit sich, daß in die n-te Stufe der U_{ik}^l-Entwicklung $\binom{4}{n}$ n-te Ableitungen von λ eingehen, deren Wahl für die Unterscheidung tatsächlich verschiedener U-Felder belanglos ist. Dadurch wird die für die Abzählung der U-Felder maßgebende Zahl der Entwicklungs-Koeffizienten um $\binom{4}{n}$ vermindert. Als Zahl der unabhängig bleibenden Koeffizienten der n-ten Stufe ergibt sich nach der oben entwickelten Methode

$$\begin{aligned} z = &\left[16\binom{4}{n} + 64\binom{4}{n-1} - 4\binom{4}{n+1} - \binom{4}{n}\right] \\ &-\left[16\binom{4}{n-2} + 64\binom{4}{n-1}\right] \\ &+\left[4\binom{4}{n-3} + \binom{4}{n-2}\right]. \end{aligned} \tag{23}$$

Die erste Klammer drückt die Zahl der maßgebenden Koeffizienten n-ter Stufe aus, die das $\mathfrak{g}$-U-Feld überhaupt charakterisieren, die zweite Klammer die durch das Bestehen der Feldgleichungen bedingte Verminderung dieser Zahl, die dritte Klammer die Korrektur, welche diese Verminderung durch das Bestehen der Identitäten (18) und (19) erfährt. Berechnet man den Grenzwert für große n

$$z \sim \binom{4}{n}\frac{z_1}{n}, \tag{23a}$$

so ergibt sich

$$z_1 = 42\,.$$

Das Gleichungssystem des nicht symmetrischen Feldes ist also erheblich schwächer als das Gleichungssystem des reinen Gravitationsfeldes ($z_1 = 12$).

Der Einfluß der λ-Invarianz auf die Stärke des Gleichungssystems. Der Gedanke liegt nahe, die Transpositions-Invarianz der Theorie dadurch herbeizuführen, daß man (statt U als Feldvariable einzuführen) von der transpositions-invarianten Bildung

$$\mathfrak{H} = \frac{1}{2}(\mathfrak{g}^{ik} R_{ik} + \mathfrak{g}^{\underset{\sim}{ik}} R_{\underset{\sim}{ik}})$$

ausgeht. Man erhält dann natürlich eine von der im vorstehenden dargelegten verschiedene Theorie. Es läßt sich zeigen, daß es für dieses $\mathfrak{H}$ keine λ-Invarianz gibt. Auch hier ergeben sich Feldgleichungen vom Typus (16a, 16b), die transpositions-invariant sind. Zwischen diesen bestehen aber nur die vier „BIANCHI-Identitäten". Wendet man auf dies System die Abzählungsmethode an, so fehlt in der der Gleichung (23) entsprechenden Formel das vierte Glied der ersten Klammer und das zweite Glied der dritten Klammer. Es ergibt sich

$$z_1 = 48 .$$

Das Gleichungssystem ist also schwächer als das von uns gewählte und ist deshalb abzulehnen.

Vergleich mit dem bisher benutzten System der Feldgleichungen. Dieses ist

$$\Gamma^s_{\underset{\vee}{is}} = 0 , \qquad R_{\underline{ik}} = 0 ,$$

$$g_{ik,l} - g_{sk}\,\Gamma^s_{il} - g_{is}\,\Gamma^s_{lk} = 0 , \qquad R_{\underset{\vee}{ik},l} + R_{\underset{\vee}{kl},i} + R_{\underset{\vee}{li},k} = 0 ,$$

wobei R_{ik} durch (4a) als Funktion der Γ gegeben und

$$R_{\underline{ik}} = \frac{1}{2}\,(R_{ik} + R_{ki}) , \qquad R_{\underset{\vee}{ik}} = \frac{1}{2}\,(R_{ik} - R_{ki})$$

gesetzt ist.

Dies System ist völlig gleichwertig mit dem neuen System (16a, 16b), weil es aus dem gleichen Integral durch Variation abgeleitet ist. Es ist transpositions-invariant in bezug auf die g_{ik} und Γ^l_{ik}. Der Unterschied besteht aber in folgendem. Das zu variierende Integral ist selbst nicht transpositions-invariant und ebensowenig das der Variation sich zunächst ergebende Gleichungssystem; es ist aber invariant in bezug auf λ-Transformationen (5). Um nun hier Transpositions-Invarianz zu erzielen, muß man einen Kunstgriff verwenden. Man führt formal vier neue Feldvariable λ_i ein, die nach der Variation so gewählt werden, daß die Gleichungen

$\Gamma^{s}_{\underset{\vee}{is}} = 0$ erfüllt sind, indem man setzt $\Gamma^{l*}_{ik} = \Gamma^{l}_{ik} + \delta^{l}_{i}\,\lambda_{k}$. Dadurch erzielt man es, daß die durch Variation nach den Γ erhaltenen Gleichungen die angegebene, transpositions-invariante Form annehmen. Die R_{ik}-Gleichungen enthalten aber noch die Hilfsvariablen λ_{i}. Diese lassen sich jedoch eliminieren, wobei eine Spaltung dieser Gleichungen in der angegebenen Weise stattfindet. Diese Gleichungen ergeben sich dann ebenfalls als transpositions-invariant (in bezug auf die $\mathfrak{g}$ und Γ).

Die Setzung der Gleichungen $\Gamma^{s}_{\underset{\vee}{is}} = 0$ involviert eine Normierung des Γ-Feldes, welche die λ-Invarianz des Gleichungssystems aufhebt. Es erscheinen daher unter den Lösungen dieses Gleichungssystems nicht alle an sich gleichwertigen Darstellungen des λ-Feldes. Was hier stattfindet, ist vergleichbar damit, daß man den Gleichungen des reinen Gravitationsfeldes willkürlich gewählte Gleichungen zufügt, welche die Koordinaten-Wahl einschränken. In unserem Falle wird außerdem das Gleichungssystem unnötig kompliziert. Diese Schwierigkeiten sind in der neuen Darstellung dadurch vermieden, daß man von einem in bezug auf die $\mathfrak{g}$ und U transpositions-invarianten Variationsprinzip ausgeht und durchgehend die $\mathfrak{g}$ und U als Feldvariable benutzt.

Der Divergenzsatz und die Erhaltungssätze von Impuls und Energie

Wenn die Feldgleichungen erfüllt sind, und wenn außerdem die Variation eine Transformations-Variation ist, so verschwinden in (14) nicht nur S_{ik} und $\mathfrak{N}^{ik}_{\ l}$, sondern auch $\delta\mathfrak{H}$, so daß die Feldgleichungen die Gleichungen

$$(\mathfrak{g}^{ik}\,\delta U^{s}_{ik})_{,s} = 0$$

zur Folge haben, wobei δU^{s}_{ik} durch (10c) gegeben ist. Dieser Divergenzsatz gilt für jede Wahl des Vektors ξ^{t}. Setzt man als einfachsten Spezialfall die ξ^{t} unabhängig von den x, so erhält man die vier Gleichungen

$$\mathfrak{T}^{s}_{t,s} \equiv (\mathfrak{g}^{ik}\,U^{s}_{ik,t})_{,s} = 0 \,.$$

Diese können als die Erhaltungssätze von Energie und Impuls gedeutet bzw. verwendet werden. Dabei ist zu bemerken, daß solche Erhaltungssätze niemals durch das System der Feldgleichungen eindeutig bestimmt sind. Interessant ist, daß nach den Gleichungen

$$\mathfrak{T}_i^s \equiv \mathfrak{g}^{ik}\, U_{ik,t}^s$$

die Dichte des Energiestroms ($\mathfrak{T}_4^1$, $\mathfrak{T}_4^2$, $\mathfrak{T}_4^3$) sowie die Energiedichte $\mathfrak{T}_4^4$ für ein von x^4 unabhängiges Feld verschwinden. Daraus kann man schließen, daß nach dieser Theorie ein singularitätsfreies stationäres Feld niemals eine von Null verschiedene Masse darstellen kann.

Sowohl die Ableitung als auch die Form der Erhaltungssätze werden viel komplizierter, wenn man die frühere Formulierung der Feldgleichungen zugrunde legt.

Allgemeine Bemerkungen

A. Die dargelegte Theorie ist nach meiner Ansicht die logisch einfachste relativistische Feldtheorie, die überhaupt möglich ist. Damit ist aber nicht gesagt, daß die Natur nicht einer komplexeren Feldtheorie entsprechen könnte. Die Aufstellung komplexerer Feldtheorien ist vielfach vorgeschlagen worden. Sie lassen sich betrachten nach folgenden Gesichtspunkten:

a) Erhöhung der Dimensionszahl des Kontinuums. In diesem Falle hat man zu erklären, warum das Kontinuum *scheinbar* auf vier Dimensionen beschränkt ist.

b) Man führt neben dem Verschiebungsfeld und dem zugehörigen Tensorfeld g_{ik} (bzw. $\mathfrak{g}^{ik}$) noch Felder anderer Art ein (z. B. ein Vektor-Feld).

c) Einführung von Feldgleichungen höherer (Differentiations-) Ordnung. Nach meiner Ansicht sollten solche Komplikationen und deren Kombinationen erst dann in Betracht gezogen werden, wenn dafür physikalisch-empirische Gründe vorliegen.

B. Eine Feld-Theorie ist durch das System der Feldgleichungen noch nicht vollkommen bestimmt. Soll man das Auftreten von Singularitäten zulassen? Soll man Grenzbedingungen postulieren? Meine Meinung zur ersten Frage ist, daß man Singularitäten ausschließen muß. Es scheint mir nicht vernünftig, in einer Kontinuums-Theorie Punkte (bzw. Linien etc.) einzuführen, in denen die Feldgleichungen nicht gelten. Außerdem ist deren Einführung gleichwertig mit der Festsetzung von im Hinblick auf die Feldgleichungen willkürlichen Grenzbedingungen auf geschlossenen „Flächen", welche die Singularitäten eng umschließen. Ohne ein solches Postulat ist die Theorie viel zu unbestimmt. Die zweite Frage ist nach meiner Ansicht dahin zu beantworten, daß die Festsetzung von Grenzbedingungen unerläßlich ist. Ich will dies an einem elementaren Beispiel begründen. Man kann die Annahme eines Potentials von der Form $\varphi = \sum \frac{m}{r}$ vergleichen mit der Aussage, daß außerhalb der Massenpunkte (in drei Dimensionen) die Gleichung $\Delta\varphi = 0$ erfüllt ist. Wenn man aber nicht als Grenzbedingung hinzufügt, daß φ im Unendlichen verschwinde (bzw. endlich sei), so gibt es Lösungen, die ganze Funktionen in den x sind $\left(\text{z. B. } x_1^2 - \frac{1}{2}(x_2^2 + x_3^2)\right)$ und im Unendlichen unendlich werden. Solche Felder können nur durch das Postulat einer Grenzbedingung ausgeschlossen werden, wenn der Raum ein „offener" Raum ist.

C. Ist es denkbar, daß eine Feldtheorie die atomistische und Quantenstruktur der Realität zu verstehen gestattet? Diese Frage wird von fast allen mit „Nein" beantwortet. Ich glaube aber, daß gegenwärtig niemand etwas Zuverlässiges darüber weiß. Dies ist deshalb der Fall, weil wir nicht beurteilen können, in welcher Weise und wie stark die Bedingung der Singularitätsfreiheit die Mannigfaltigkeit der Lösungen reduziert. Wir besitzen ja überhaupt keine Methode, singularitätsfreie Lösungen systematisch abzuleiten. Approximationsmethoden helfen nichts, da man nie weiß, ob zu einer Näherungslösung eine *singularitätsfreie* strenge Lösung gehört. Aus diesem Grunde können wir gegenwärtig den Gehalt einer nichtlinearen Feldtheorie nicht mit der Erfahrung vergleichen. Nur ein bedeutender Fortschritt in den mathematischen Methoden kann hier helfen. Gegenwärtig herrscht die Meinung vor, daß eine Feldtheorie durch „Quantisierung" erst in eine statistische Theorie von Feldwahrscheinlichkeiten verwandelt werden müsse, nach mehr oder weniger festgelegten Regeln. Ich sehe aber in dieser Methode nur einen Versuch, wesentlich nichtlineare Gesetzmäßigkeiten durch lineare Methoden zu beschreiben.

D. Man kann gute Argumente dafür anführen, daß die Realität überhaupt nicht durch ein kontinuierliches Feld dargestellt werden könne. Aus den Quantenphänomenen scheint nämlich mit Sicherheit hervorzugehen, daß ein endliches System von endlicher Energie durch eine *endliche* Zahl von Zahlen (Quanten-Zahlen) *vollständig* beschrieben werden kann. Dies scheint zu einer Kontinuums-Theorie nicht zu passen und muß zu einem Versuch führen, die Realität durch eine rein algebraische Theorie zu beschreiben. Niemand sieht aber, wie die Basis einer solchen Theorie gewonnen werden könnte.

Namen- und Sachverzeichnis

Der Autor

- gibt in vier Vorlesungen eine exakte Einführung in die Relativitätstheorie
- bringt einen Anhang über das kosmologische Problem und die Relativitätstheorie des nichtsymmetrischen Feldes
- wendet sich mit diesem Bändchen an Physiker, Mathematiker und Philosophen.

WISSENSCHAFTLICHE TASCHENBÜCHER

FSC
www.fsc.org
MIX
Papier | Fördert gute Waldnutzung
FSC® C083411

Zeitfracht Medien GmbH
Ferdinand-Jühlke-Straße 7
99095 Erfurt, Deutschland
produktsicherheit@kolibri360.de